坚果是不容易吃到的——剥开它们坚硬的外壳，要耗费不少时间。

当速食成为不得已的习惯，慢慢来就变得那样珍贵。

奢侈，从来就跟金钱无关，

最大的奢侈，莫过于可以恣意做你喜欢做的事，

比如：嘎嘣！嘎嘣！吃坚果喽！

做一只会吃的松鼠

一本植物达人的壳果物语

陈莹婷 著

中信出版集团·CHINA**CITIC**PRESS·北京

目录

当你闲了，

不妨去参加一群坚果的狂欢，

它们会让你的手指热闹到沸腾：

巴旦木、杏仁、鲍鱼果、核桃、碧根果……

嗑

闲

巴　旦　木

· 花 容 神 物 毒 心 昧 ·　　· 苦 甜 皆 是 仁 生 味 ·

　　《圣经》，作为世界上知名度最高、普及面最广、读者群最庞大的经典巨著，对西方文化有着无比深远的影响。其中记载的动植物，大多成为西方社会中具有象征意义的神物。《圣经》里讲过这样一个"神迹"：犹太教的第一祭司长亚伦（Aaron）的手杖有一天居然发芽开花了，并结成一种可食的果子，如此"神迹"意味着神认可亚伦和他的哥哥摩西做以色列百姓的合法领导人。有趣的是，有人做过统计，发现这款神果竟在《圣经》中出现了10次之多。有人不禁要问了，这样深受《圣经》青睐又被赋予崇高含义的果子究竟是什么呢？答案就是当今坚果舞台上的主角之一——巴旦木。

　　纵观西方文化史，这款"血统高贵"的坚果确实身兼宗教、民族和社会等多重意义，如同中国人爱嗑瓜子，并嗑出暧昧、深厚的"瓜子情结"一样，巴旦木在西方社会生活中也扮演着特殊角色。

　　据说，古埃及人把巴旦木视为珍贵食材，会专门在法老食用的面包中加入巴旦木仁。而古罗马人结婚时，宾客会把巴旦木撒向新婚夫妇，以祝愿他们多子多福（这与中国某些地方在婚礼上向新人扔桂圆、莲子的习俗如出一辙）。相比之下，美国家庭的祝福行为就温和多了。他们办婚宴，常常会送每位宾客一袋放了糖和加工好的巴旦木仁的礼物，以示"甜蜜、幸福及多子多孙"的美意。可见，巴旦木不仅能用来吃，还蕴含着"子孙满堂"的美好愿望，是款吉祥又美味的零食呢。

坚果界的元老

巴旦木，这三个字听起来像某个少数民族对某种植物的称呼，若我把它换成另一个俗名"扁桃"，你是否就"似曾相识"了？说起这个中文名，还真是纠结，巴旦木是维吾尔语"Badam"的音译，"Badam"源于波斯语（印度人也这么叫，因为早先有支波斯人跑到印度去了），意为"内核"，想必波斯人老早就懂得巴旦木的精华所在吧。

由于巴旦木的果形似杏，故也被称作巴旦杏，但它不姓"杏属"，而是蔷薇科桃属的成员，可能长得比桃子扁吧，又被称作"扁桃"，其果核仁，便是各大坚果摊位常售的"杏仁"了。所以，巴旦木、巴旦杏、扁桃，这几个名字，指的都是同一种植物。最新研究表明，巴旦木、杏、桃均是李属植物，但为方便解说，本文仍按桃属划分。由于人类食用巴旦木的历史太过悠久，久得甚至找不到确切证据去搞明白，究竟是哪个年代、哪个地方的哪一种野生巴旦木被选育成今日的食用巴旦木仁，因此，时至今日，关于巴旦木的最早食用时间和驯化地点等问题仍未盖棺定论。有些学者认为，栽培型巴旦木的原种来自地中海东部沿岸地区，因为这个原种是西亚土生土长的，《圣

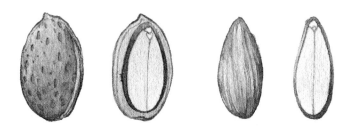

经》里的某些描述也暗示了在公元前2000年，以色列就出现了巴旦木的踪迹。但另一些学者指出，现今市场上售卖的食用巴旦木仁可能是从中国内蒙古及蒙古国一带原产的某种古老植物演变而来，这种植物的核仁苦涩，特别像桃仁。

尽管学者们仍旧纠缠不清，但从一堆混乱不堪的史料证据中，我们至少可以推知：巴旦木种子作为食物的历史特别久远，能称得上是坚果界的元老了。多数学者认为，巴旦木是人类最早驯化栽培的果树之一，几千年前的果农已懂得利用种子选育出巴旦木的优良品种。青铜器时代甚至更早时候，人工栽培的巴旦木便已经出现，考古学家曾从约旦河流域某人类遗址中挖掘得到巴旦木的栽培种，埃及的图特卡蒙墓葬（公元前1325年）也出现了巴旦木的"遗体"。

后来，野生巴旦木被商人带到了非洲北部和欧洲南部。17世纪中期，一些修道士从西班牙带着第一批巴旦木到达北美洲，将它们种在美国加利福尼亚州首府附近的一座西班牙修道院中。但潮湿、凉爽的沿海气候，并不是巴旦木的最佳生长环境，直至18世纪被移植到了内陆地区后，巴达木才站稳脚跟，蓬勃发展。19世纪70年代，园艺师们通过杂交育种技术，选育出了几款今日著名的巴旦木品种。到了

20世纪，在加利福尼亚州的中央大峡谷地带建立了根深蒂固的巴旦木产业。

苦甜皆是巴旦木

野生的巴旦木仁是有毒的，此毒就是苦杏仁甙。实际上，苦杏仁甙本身无害，但它能通过酶解反应转变成致命毒物"氢氰酸"，一次咀嚼儿十个"苦杏仁"即可置人于死地。绝大部分野生巴旦木因含苦杏仁甙而呈现苦味，并具毒害作用，所以找寻、筛选出可食的甜味巴旦木便成了古代人的重要目标，人类对野生巴旦木轰轰烈烈的驯化培育史由此开启。

然而古人究竟是如何从茫茫自然界中找到甜味巴旦木的，至今仍是未解之谜。

有趣的是，野生苦味巴旦木如此阴毒，但由它的变种——甜味巴旦木驯化而来的可食品种却温顺异常，甘香有余。有研究表明，这可能是由于基因突变，导致核仁无法合成苦杏仁甙了。有意思的是，传闻古时有农民曾随意在田间种了几株巴旦木，可他们不知道自己"无心插柳"的这些树竟是园艺师们踏破铁鞋苦寻良久的甜味型变种。这些巴旦木后来被移植到了果园得到专门栽培。

所以，野外碰到巴旦木了可别兴奋过头，随便摘了果仁就吃，那有可能将自己送上不归路。我们应该认真听取密布味蕾的舌头对我们发出的警告信号：苦涩的巴旦木仁是有毒的，甜仁才是可食的对象。人生苦短，生命可贵啊！

巴旦木的今生

巴旦木特别喜欢在温暖、干旱的地区生活，尤其钟情于地中海气候，那儿夏季炎热、干燥，冬天温暖、湿润，十分符合它们对生长气温的需求（15℃～30℃）。不过巴旦木的芽有个怪癖，在苏醒萌发前，先要经历一段300～600小时的持续冷冻期（低于7.2℃）才肯打破休眠，由营养生长进入生殖生长，形成花芽，抽枝绽蕾，最终走上"仁生"巅峰。事实上，不少温带植物的芽及种子都有这种古怪爱好，农学家们称之为"春化作用"，这是温带植物长期适应"漫长的寒冷冬季后，迎来逐渐回温的暖春"现象之结果。通常，巴旦木种子被埋进土里后，三年可成苗出售，五六年后进入盛果期。

如今，世界上许多地区栽种巴旦木，其主要产区在美国、西班牙、伊朗、意大利、澳大利亚、希腊、土耳其等地。其中，西班牙是出产巴旦木品种最丰富的国家之一，希腊则以味美质优的甜味巴旦木闻名，澳大利亚是南半球最大的巴旦木供货商，而全球产量最大的当属美国。美国大部分巴旦木的种植基地集中在加利福尼亚州，作为该州第三大重要经济作物，巴旦木曾是美国出口量最大的农贸明星产品，所以巴旦木才会有一个商业艺名："美国大杏仁"。此处再强调一次，此"杏"非彼"杏"，巴旦木与杏完全是两个物种，市场上卖的大部分"杏仁"都是巴旦木的各个品种，其果核表面密布孔隙，而杏核壳壁平滑，形体普遍比巴旦木核小。目前，我国巴旦木产业并不十分繁荣，仅在新疆、陕西、甘肃等地有少量栽植。

一棵开花的树

巴旦木的花常单生或对生，相貌虽平凡无奇，却和许多桃属姐妹一样，很有心机——它们先开花，后长叶，这样花色偏白，在暗色老枝的衬托下，很容易营造出满树粉装的醒目效果。加之树下遍地花瓣，优美至极，春风一吹，扬起片片粉瓣在空中旋舞，人立其中甚为陶醉……不过"女为悦己者容，花为传粉者妆"，巴旦木的美，专为昆虫而生——吸引它们前来探"蜜"，顺便帮自己授粉、传粉。

当雌蕊顺利受粉、成功受精后，雌蕊下方的子房便会渐渐膨大，发育成具有果核的核果。我们所喜欢的桃、杏、李、樱桃等都属于典型的核果，特点是具有三层不同性质的果皮：外果皮薄而韧，中果皮肉质肥厚，俗称果肉，内果皮木质化，封闭式包裹种子形成果核。

但巴旦木的果皮构造却大不如水嫩的桃子们养眼，绿色外果皮密被短柔毛，中果皮（果肉）薄、坚韧如皮革，成熟时中外果皮都开裂，露出内里硬脆、卵形的果核，这是巴旦木区别于桃、杏的重要特征。这让我们不由得惊叹：巴旦木简直是专门生产种子的果实嘛！

市面上极少出售巴旦木果，我们见到的常是去掉中外果皮后的土黄色硬核，或连核壳都被剥除的紧裹一层土黄色种皮的种子，仿佛经过美容处理。可能密集恐惧症患者在见到带壳出售的巴旦木时会有点不舒服，因为它并不光滑的壳壁上布满蜂窝状的孔。是的，内果皮皱褶或具孔隙，正是桃属果核的个性标签。

杏 仁

· 同 根 姐 妹 籽 惑 人 · · 善 学 明 辨 伪 与 真 ·

前年放假回家，正好碰上各大电视台都在播一部火爆整个华人圈的古代宫斗剧，妈妈也看上瘾了，每晚准时守着电视机，白天还要点评皇帝和诸妃之间的爱恨纠结。在她的影响下，我也跟着一起看上了。某天，看到一集，有个失宠的妃子想自杀，在古代宫里的妃子宫女太监都是不得自杀的，她又是个失了势的妃子，自然找不到什么趁手的工具，就吞了很多苦杏仁，终于死掉了。我看完没啥反应，妈妈倒如惊弓之鸟般转头看我，紧张兮兮地问：

"前几天××送了一罐杏仁来，说很有营养，每天吃几颗补补，我便捣碎了一些混在粥里给奶奶吃，哎呀，原来这玩意儿是有毒的！我们是不是得送奶奶去医院检查下？"

"哦，没事，那杏仁我今天也吃了，那是另一种杏仁，不是×妃吃的苦杏仁。"

"咋不是啊，我看是一样的啊？"

"……"

那么，宫斗戏中弃妃自杀用的苦杏仁有毒，甚至能致人死亡是真的吗？我们平常买的杏仁，可以直接吃吗？解答这些疑问就得从杏仁的源头讲起了。

苦杏仁的威力

杏仁，顾名思义就是"杏的核仁"，即吃完杏的果肉后，剩下的核里边的种子。杏仁可食，但不是所有杏的种子都能随便吃。

根据《中国植物志》记载，我国的杏大致可分为三类：食用杏类、仁用杏类和加工用杏类。这说明杏有许多栽培品种，有些品种主要吃果肉，有些专门用来生产食用种子，有些则肉仁兼用。我国仁用杏的生产历史很短，直到20世纪60年代后期才由河北省张家口市开始小规模种植，初步形成仁用杏产业，进入90年代才正式大面积栽培，仁用杏市场就此发展起来。起初，商家收购仁用杏只根据味道简单将其归为甜、苦两大类，而不分大小、品质、级别、产地等。甚至直至今日，仁用杏仁仍被粗分成苦杏仁和甜杏仁，只是不同口味有着各自代表性的地方优良品种。

苦杏仁的苦味是由一种名为"苦杏仁甙"的天然化合物引起的，此物本身无害，却能"借刀杀人"。它可被自身含有的水解酶分解成一种名曰"氢氰酸"的毒物，或进入人体后，很快被肠道细菌分解，释放出氢氰酸。此毒能作用于细胞，迅速与细胞色素氧化酶结合，阻断组织细胞利用血细胞所携带的氧制造能量，产生细胞中毒性缺氧症，从而引起人体窒息。所以，呼吸不畅至麻痹是苦杏仁甙毒害人体的主要手段，估计那位吞苦杏仁的妃子就是死于窒息。小朋友只要误服苦杏仁10～20粒，大人吃上个20～60粒，就会引起中毒。

这里，要重点提醒大家，春夏季是儿童误食苦杏仁中毒的高发期，因为这季节杏核十分常见，而孩子们频频进行户外活动，很容易捡到杏核，有时见到别人吃杏仁，儿童好奇心重，也会学着吃，因此常发生中毒事故。大人们千万要提高警惕，多多教育小朋友切勿吞咽任何未经处理过的果核！

苦口良药可治癌?

中医说，苦杏仁因其毒性而具有一定药用功效，可镇咳、祛痰，治疗气管炎、呼吸困难等。现代医学对此表示肯定，但凡事必有个度。古人云：是药三分毒。毒药、毒药，毒与药相生相克，是无法分离又不能中和的矛盾体，却可以相互转化，关键是看我们如何把握好"度"。一旦食用超过合理使用量范围的苦杏仁，这货就从良药变成剧毒了。至于甜杏仁，也并非绝对不含苦杏仁甙。苦杏仁含1%～3%苦杏仁甙，其毒性较甜杏仁高25～31倍。甜杏仁只含微量的苦杏仁甙，虽可安全食用，但一次吃得过多，也会有中毒的可能。

①杏核　　　　　　　　　　　②巴旦木核

以前不知从哪里冒出一个"谣传"：苦杏仁甙能用于癌症治疗。以至于有人盲目吞食苦杏仁，结果病没治好，还差点赔上性命。其实，苦杏仁治癌也不完全是谣传，早在1845年和1920年，苏联和美国就分别报道了用苦杏仁甙治愈癌症患者的案例，但业界普遍认为这招太"毒"了，风险过大，因此不予采纳。

1952年，有人利用苦杏仁甙合成了一种药，名叫"苦杏仁甙类似物Laetrile"，并鼓吹对癌症治疗有效，且无副作用，还被有心人士亲切地称为"维生素B17"。也许我提这名号，你会熟悉一点，维生素嘛，多么时髦的词汇，听起来安全、健康。可实际上，它并非维生素，此药也被美国多家权威机构及政府部门认定不仅对癌症毫无疗效，还会产生毒副作用。有专家曾调侃，那些宣称"维生素B17有治癌功效"的庸医及研究性文章，可以作为抗癌研究的反面教材了，而利用这种研究"成果"的人亦是医学史上最狡诈、精明，当然也是赚钱最多的"人才"了。但由于研发者在专利注册时可能写着"营养补充品"，对外也宣传是人体必需的防癌的"维生素"，以此逃避联邦法律的追查及相关责任，因而能够风行于美国内外的保健和药品市场。在我国，依靠强大的网络和媒体力量，也有人将这款"伪药"顺利捧成了"神药"。殊不知,"神药"同苦杏仁甙一样,使用不当,亦成毒药。

此杏仁非彼杏仁

国人很容易从字面上误以为苦杏仁甙是从具有苦味的杏的种仁中发现并命名的,其实这里的"杏"并不是指我们常当成水果吃的杏,而是另一种跟杏长得很像的植物,也就是上文所说的巴旦木,它有一个比较官方的称呼"扁桃",在我国的主要产地是新疆。由于巴旦木的果实似杏,人们也称其作"巴旦杏"。科学家最初就是从巴旦木的种子中提取和命名苦杏仁甙的,也许当初译成"扁桃甙"会更合适些。目前,市面上售卖的大部分"杏仁"均来自巴旦木,但这里我们所说的"杏仁",一律指杏的果核仁,以便跟"美国大杏仁"区分。

杏是中华民族的传统水果之一。我国对杏的栽培历史同样悠久,中国现存最早的科学文献之一《夏小正》,就提到4 000多年前的中原地区已开始种植杏树。但古代文献上除提到杏仁的药用价值外,并无太多把杏仁作为食物的记载。这说明古人吃杏主要是食杏肉,跟巴旦木专门制造供应种子的历史截然不同。1949年后我国才出现杏仁的小规模生产,并蜗行牛步般发展着,至今还没形成气候。也许当时是受舶来品巴旦木的刺激或启发,国人才琢磨起本土杏仁的商业价值并开始栽培试验。可是,开发国产杏仁的道路并非一帆风顺,有巴旦木这么卓越、资深、高人气的前辈在先,兼之自己的能力和口碑又处于积攒阶段,想打败巴旦木或与其平起平坐,

恐怕还要很长一段时间。

本是同根生，何必分太清

　　既然杏与巴旦木是两个不同的种，为何二者的长相及内在毒性如此相似，总让人傻傻分不清楚呢？购买杏仁或巴旦木仁时，有什么办法来区分吗？

　　其实，杏与巴旦木确有千丝万缕的亲缘关系，这关系，介于亲姐妹与堂表亲之间，长得像是正常的，存在区别亦是必然的。虽同是核果，但杏的果皮终生不裂，紧裹种子；巴旦木的中外果皮则在成熟时开裂，露出土黄色果核。我们到坚果摊选购时，若杏和巴旦木同时以坚硬的果核形式出售，则会比较容易分辨：杏核较短小，表面光滑；巴旦木核则身形修长，表面粗糙，有很多孔隙。若是脱壳"裸体"售仁，那辨识就困难了。现在市面上的品种越来越多，体型、重量、颜色等都很接近，很难理出一套鉴别的法子。

　　不过，换个角度想想，貌似也没必要分得这么清，因为它俩的营养成分实际上差不多，除非二者身价悬殊太大，或者你对口味有所挑剔，不然选择哪款都具有一样的保健功效。

　　相关研究表明，杏仁和巴旦木仁的组成物质主要都是40%～50%的不饱和脂肪酸及少量饱和脂肪酸，20%左右的蛋白质，20%左右的糖类（其中膳食纤维占所含糖类的一半以上），维生素B6，维生素E，以及钾、钙、铁、镁等微量元素。二者成分相差甚小，或许不同品种会有自己对某种营养物质的偏好，但偏出倍数级的可能性很低。而且，我们有必要计较哪种成分的多与少吗？只要日食适量坚果，对身体终归是有益处的。

分分合合一家亲

啥，你还想问问杏和巴旦木分别姓什么？这可说来话长了。因为二者所属的家族亲戚间有着剪不断、理还乱的关系，让外行越看越热闹，内行也难以厘清。原先，杏是杏属的，巴旦木是桃属扁桃亚属的，它们同是蔷薇科成员。在现代分子生物学、生物信息学先进技术和理论的帮助下，植物分类学家对蔷薇科进行全面梳理并大幅度更新，最后干脆把樱、桃、李、杏等传统"大姓"一起并入李属中。换句话说，现在，杏不属于杏属，巴旦木不属于桃属，它俩同是李属植物啦！

另外，苦杏仁甙可不是杏或巴旦木的专利品，蔷薇科许多种类，如水果超市卖的苹果、梨、樱桃等的种子，也都含有苦杏仁甙。所以，蔷薇科虽盛产水果给我们解馋，但也藏了私心，断不会让我们把种子也吃掉。它用氢氰酸的毒性及坚硬的内果皮教导我们，把可口的果肉吃完就好了，可别再打我们种子的主意啦。

鲍 鱼 果

· 高 举 炮 弹 常 添 乱 · 稳 居 雨 林 恋 壮 汉 ·

你吃过巴西栗吗？啥，你问我这是不是板栗的巴西亲戚？噢不，巴西栗虽然确实生活在巴西，但它可跟我国的板栗风马牛不相及，若我换成它的商品名"鲍鱼果"来问，你是否就知道了？没错，那个浑身粗糙、有棱有角的坚果就是鲍鱼果巴西栗，外壳脆而不坚、果仁又大又香，更重要的是，与其高大上的名字相比，它的售价又相当亲民……

记得我第一次见到已成了坚果的鲍鱼果时，情不自禁地吐了句槽："这么难看？！"硬壳灰不溜丢、干干皱皱的，有三道明显的纵棱、一道直线，另两道弧形状似木质化的橘子瓣，压根儿不能使人联想到"鲜肤一何润，秀色若可餐"的鲍鱼。但所谓"人不可貌相，海水不可斗量"，这其貌不扬的家伙即使在琳琅满目的物种天堂——南美洲热带雨林中，也是出了名的"高大上"呢！

欧洲商人和植物学家老早就认识了鲍鱼果树，即使雨林怪才辈

出，它们仍天生享受"高高在上，俯览万物"的高贵地位，讨厌人类侵犯森林，常常与人恶作剧，甚至危害人的性命。或许，鲍鱼果更像一帮个性张扬的年轻人，从树形到花到果，都教人无法不去注意它们的存在。至今，人类还无法像选育巴旦木那样，把顽劣的鲍鱼果驯化和改造为商业化植物。

高高在上，谁与争锋

鲍鱼果原产自南美洲的圭亚那、委内瑞拉、巴西、哥伦比亚、玻利维亚和秘鲁等国，亚马孙河、尼格罗河等流域沿岸森林均可见其散布的踪影。鲍鱼果所属的家族有个文雅的名字——"玉蕊科"，这是种高大常绿阔叶乔木，高可达50米，胸径达1~2米，即便在盛产奇葩和巨物的亚马孙热带雨林中，也算得上庞然大物了。鲍鱼果树很精明，为了最大限度地吸收阳光，它们拼了命地增高茎干，甩了其他植物好几条街。它们主干挺直，会一直长到高出周围树木时才向外伸枝展叶，把叶冠高举出林冠层，颇有鹤立鸡群、傲视群雄的霸气，远远望去，犹如一片茫茫绿海中耸立着若干顶突兀的绿伞，绿伞下则是粗壮的"石柱"。更要命的是，这家伙还很长寿，活过500岁不成问题，活到1 000岁高龄亦不太难，简直有成精升仙的潜质，想必那些活在"树精"周围、日日盼着鲍鱼果树倒下以腾出生存空间的树木们都恨得咬牙切齿了吧。

奇葩的三角恋

就样貌来看，其实鲍鱼果花更引人注目的是它的花。若你见到鲍鱼果之花，或许同样会惊讶：朴实无华的鲍鱼果，竟然开着这么奇特明丽的花。如此耀眼的花，与其身高一样，在物种多样性最丰富的热带雨林，乃至植物界中都算是无与伦比了。

鲍鱼果有着精妙的传粉故事和繁衍智慧。与来者不拒的杏花不同，古怪的鲍鱼果花对前来采蜜的虫媒是有选择的，它们仅欢迎熊蜂、木蜂等体形较大且强壮的蜂类上门拜访，因为只有这些"彪汉"才有足够的力气钻进被捂得严严实实的"雄蕊罩"获取基部的花蜜。也因为其他地域缺乏这类昆虫，所以鲍鱼果几乎只在稳定的原始森林中结果。

每年旱季，尤其是10～12月，鲍鱼果树所依赖的几种传粉昆虫会轮番登场。比起鲍鱼果花来，这些健壮的蜂类其实更喜欢光顾某些特定的兰花，而不同区域的不同兰花开放的时间并不一致，所以蜂类出现的时间也各不相同。这简直就是一段纠结持久的三角恋，鲍鱼果的花钟情力量感十足的蜂，这些蜂又有各自倾心的兰花。深林幽兰的"傲娇"众所周知，它们对传粉者更是异常挑剔，因此只有某段时间某个地方某种兰花盛开时，与之相恋的蜂才会现身，但这些"彪汉"不如兰花专情，探访兰花之后，会顺路飞到翘首期盼的鲍鱼果花上，

沿着罩状雄蕊群往内弯曲的方向强行闯入采蜜，没办法，鲍鱼果花就爱它们这股野蛮劲儿。

椰子藏"鲍鱼"，威力如炮弹

鲍鱼果花成功受粉后，雌蕊便要进行复杂的受精作用，开启育胚过程了。通常，鲍鱼果长在接近树冠的几十米高的分枝上，抬头望去，像一个个熟透了的发黑的椰子，大小也和脱了外果皮的椰子差不多。兴许你要困惑了："我吃的鲍鱼果怎么不是这样的啊？难道咱俩说的不是同一种？"别急，听我往下侃。

若你见到挂满椰子状鲍鱼果的大树时可别不管不顾跑到树下准备采摘，尤其不能使用"乱棍打核桃"的法子，因为这些果子每颗重达八九斤，比核桃可重多了。最要命的是它们成熟后可随时从几十米高的枝梢脱落，而且果皮坚不可摧，"啪"的一声坠地还能完好无缺。面对这样的果子，你还敢跑到树下去采摘吗？至少我不敢，小命还是要的……

事实上，在枝叶茂盛得遮天蔽日的雨林中穿行，我们很难发现高不见顶的鲍鱼果树，所以没有导游带领或缺少防护设备和相关专业知识的话，最好不要单凭一颗狂热的心深入森林，去打扰"原住居民"。这绝不是危言耸听，鲍鱼果砸死、砸伤路人、游客和采摘者的事故时常见报。狂风大作之际，就连专业的采收工人都要立刻停止干活，远离果树，因为鲍鱼果树在风的助阵下会从"不定时炸弹"变成威力迅猛的"大炮"，不断从几十米高的树顶向周围发射果实型炮弹。

不过，求知与探索精神总是赋予人类藐视恐惧的胆量。为了了解这些彪悍的球状鲍鱼果的玄机，我们还是走进繁荣热闹的热带雨林，捡颗已着地的鲍鱼果瞧瞧吧。

球状鲍鱼果直径约为8~18厘米，一头有个明显的孔洞，果皮褐色、木质化、厚约1厘米，非常硬实。当地人会用手锯一类的工具来割开坚硬的果壳，掰开来看，果壳内便藏着数十个我们熟悉的坚果版"鲍鱼果"，它们实际是种子，种皮比果皮软多了，用牙一咬就能咬开。它们不仅抄袭橘子瓣的形状，还模仿橘皮里果瓣的排列方式——每颗种子具三面，直线棱汇聚于中心，直棱侧面互相紧贴。如此可充分利用果腔空间，使得椰壳大小的鲍鱼果能往体内塞入20~30颗种子。

据说，成年果树一季度结实60~100个，高产的鲍鱼果树一次结的果实甚至能重达450千克。当地的果农们一般都是等着树上果实自动落地后，才进林子集中采收，就地锯开木质化果壳，取出种子。这时的种子与我们买到的鲍鱼果略有差别，它们浑身湿润，种仁鲜嫩，经过几日的晾晒、干燥和后续加工，才可成为市场上出售的鲍鱼果。所以我们最终吃到的其实是鲍鱼果的种子。剩下的果壳常被当场弃置，形状貌似中国古代保存药品的圆形陶瓷罐子，不知当地人是否曾拿这天然"木制"器皿当过饭碗？

随机的命运，艰辛地成长

虽然鲍鱼果的果皮十分坚硬，但从植物学角度讲，它不是真正的坚果，而是"蒴果"。这是植物界中普遍流行的一款果实类型，特点是种子多、开裂方式多样化。不过鲍鱼果的蒴果成熟时并不自动开裂，而是在落地后受雨林湿气的浸润而软化，从果壳一端的洞口向外产生几道裂痕。

这一特性有啥好处？很简单，跟果实的传播有关。

生长在森林中的鲍鱼果主要依靠一种大型啮齿动物——刺豚鼠来帮忙播种。这群可爱的小精灵（体形有一只成年猫那么大吧），跟我们熟悉的松鼠一样，活泼好动、身手敏捷、指爪灵活，天生具备一副锋利坚固、凿子般的门牙，可从鲍鱼果壳上的孔洞入手，轻松咬掉一块块硬实的果皮，最后凿出一个大窟窿，接着抓出里面可口的种子，美滋滋地饱餐一顿。当然，鲍鱼果的目的可不单是喂饱刺豚鼠这么简单，它深谙啮齿动物从祖先那儿继承的一个优良传统——储藏食物。所以鲍鱼果生产的大量种子，大部分都用来填充刺豚鼠的胃，而鼠类也乐于四处埋藏这些种子以囤粮，最终被忘记挖出来吃掉的这部分种子便有可能生根发芽，成长为新生代的鲍鱼果树。另据报道，聪明的卷尾猴懂得利用工具，挑选恰当的石头撬开鲍鱼果。卷尾猴可没囤货的习惯，但幸好不如鼠类觅食勤快，不然鲍鱼果要号啕大哭了。

言归正传，那些被埋进地里的幸运儿遇到合适的生长条件，便会破土而出，然而发芽只是一个美好的开端，并不意味着成长道路一帆风顺。多数萌发的种子位于林下阴暗的环境，极难获得阳光，纵然破土成苗，也不得不苦等若干年才能继续生长。它们会停止发育，进入一种休眠状态，静静等待身边某棵大树倒下，为它腾出生存空间，或某个时刻阳光从林冠隙缝溜下来……一旦抓住亲吻阳光的机会，便迅速贪婪地吸收光能，疯狂长大。等待毕竟是未知的、茫然的，只有

少量幸运的幼苗可以熬到扬眉吐气的那天，大多数幼苗则终生停止发育，将生命的姿态定格在童年。

守护雨林的捣蛋鬼

鲍鱼果树最喜欢潮湿多雨又不至引发洪涝的森林环境，几乎只在雨林中结实，常50~100株组成一个小群落。据说，巴西政府也偏爱这群超高个儿，明令禁止乱砍滥伐鲍鱼果树。尽管"官方"中文名是巴西栗，但鲍鱼果出口量最大的国家不是巴西，而是玻利维亚。

不过，鲍鱼果做事慢条斯理，从雌蕊受粉到果实成熟，至少需要14个月，都快赶上以慢出名的松树的生育节奏了。每年1~6月，枝头的鲍鱼果会优哉游哉地成熟、落地。与着急出土见世面的板栗种子不同，鲍鱼果连发芽、结果也从容不迫，种子入土后先睡上12~18个月才出芽成长，结实更是要长到12岁之后才开始。

总之，这帮家伙不太好伺候，喜欢比邻居长得高，喜欢特定的虫媒，喜欢发射"炮弹"，还喜欢捣蛋——长在河岸的鲍鱼果脱离母体后，由于密度太大，常常落入水中沉到河底，很容易堵塞附近的河道。因此鲍鱼果种植业的产量一直很低，经济效益不佳，终不成气候，也正因为如此，目前全球坚果市场出售的鲍鱼果绝大部分产自天然林，这可能是唯一一种仍靠野生树木生产的商品果实了。也许，鲍鱼果的现状会成为一种保护热带雨林的"可持续发展"商业模式，既能挖掘雨林资源，为产地增加利益收入，又能避免森林破坏，维持良好的生态环境。

但作为一款合格的可食坚果，鲍鱼果的口感实在是没的说。咬开脆而不坚的外壳，呈现在我们眼前的是它白滑香酥的种仁，肥厚、饱满的种仁填充了整个壳内空间，吃起来要比核桃、山核桃之流爽快多了，接地气的身价更是让它惹人青睐。而在营养成分上，鲍鱼果也不输其他坚果弟兄。不饱和脂肪酸这个坚果界的时尚元素，鲍鱼果当然拥有，而且含量还挺高，约占总重量的一半。此外，它还含有一些饱和脂肪酸，脂肪总量约占种仁重量的70%。蛋白质是鲍鱼果的第二大营养物质，占总重量的15%左右。剩余的15%中，一半是糖类，另一半是水、维生素和微量元素，其中尤其以维生素B1和维生素E含量较多。鲍鱼果种仁富含硒元素，不同产地的鲍鱼果所含的硒元素量差别很大，从160微克/100克到2 000微克/100克不等。人体摄食适量的硒元素能够有效预防癌症和记忆力衰退，但摄入过多则会导致硒中毒，所以不宜一次性食用过多鲍鱼果。另外还需注意的是，鲍鱼果的种皮容易感染黄曲霉菌，因此可能附着大量黄曲霉素（一种致癌物质），建议吃鲍鱼果时最好别用牙齿咬壳，更别直接放进嘴里嚼，而应用钳子、小铁锤之类的工具开壳。

除了种仁可食外，鲍鱼果尚有一些不错的用法。从鲍鱼果仁榨出的油可作钟表润滑剂，还可用来调制绘画颜料，亦可用到化妆品中。在玻利维亚，鲍鱼果的用途还与椰子有点像，经过民间艺人的精雕细琢，其貌不扬的果壳能变身成华丽的装饰品。

核　　　　　　桃

· 皱 皮 嫩 肉 装 大 脑 ·　上 树 披 衣 变 青 桃 ·

　　每到秋季，总能在街边巷尾见到或推车或提篮的小贩，他们的手指大多是黑漆漆的，有的虽然会戴上手套，但手套和衣服上也常常是一片狼藉，看着脏兮兮的。可即便是这样，他们周围也总是会聚集不少买家，是什么让人这样着迷？

　　先来猜个谜语吧——"壳儿硬，壳儿脆，四个姐妹隔墙睡，从小到大背靠背，盖的一床疙瘩被。"谜底是？……没错，它就是让小贩手指变黑的"元凶"，亦是本篇故事的主角——核桃。

核桃树长"毛毛虫"

　　核桃，又名胡桃，是胡桃科胡桃属的一种高大落叶乔木，其叶形较大，椭圆状，长6～15厘米，宽3～6厘米。花为单性同株，即胡桃属的花有雌雄之分，而雄花和雌花长在同一植株上。核桃的雄花密集着生在一根不分叉的、柔软下垂的长枝上，形成葇荑花序，单生于头

① 雄花

② 雌花

一年发出的枝条上，每朵雄花有6～30枚黄色雄蕊，开花时纷纷伸出花被片，随风摇曳，整个花序看起来一轮绿一轮黄，上下游动，有种微妙的韵律美。雌花则三四朵聚生于当年生新枝的顶部，周围有嫩叶相伴，花姿娇小，中央是伸长开展的柱头，随时准备接受乘风飞扬的细微花粉。

核桃的花容貌十分简单、朴素，若不留心观察，总叫人难以相信那是一朵花。作为依靠风力做媒传粉的花，核桃花其实没必要把精力和营养浪费在制造花蜜、气味、色彩等"梳妆打扮"上，它们不用招蜂引蝶，讨好各路虫媒，于是可以舍弃绚丽的花瓣、奇特的造型或醉人的芳香、甜美的蜜油及其他多余的装饰，终生素颜出场，把所有精力都用来制造大量花粉，并充分把握时机，借助风力传送花粉至雌蕊柱头上，于繁花争艳的春夏季默默演绎属于自己的生命之路。

《红楼梦》中薛宝钗有一首《临江仙》，用来形容风媒花的姿容和传粉方式最恰当不过：

白玉堂前春解舞，东风卷得均匀。

蜂团蝶阵乱纷纷。

几曾随流水？岂必委芳尘？

万缕千丝终不改，任他随聚随分。

韶华休笑本无根。

好风凭借力，送我上青云。

这首词虽是在描绘柳树及其果实（柳絮）的传播，其字面意思却可套在栗树、核桃树等典型的葇荑花序上，并生动勾勒了"葇荑"之美与传粉智慧。为何柳絮词可与风马牛不相及的栗子、核桃相挂钩？因为杨柳家族也有标准的葇荑花序，若你还是不能理解这款貌不惊人却"风姿绰约"的单性花序，那就想想春末白絮乱舞之时，杨树柳树周围横尸遍地的"毛毛虫"吧……

心急吃不了热豆腐

多数风媒花会颠覆月季、牡丹们给人类塑造起来的古典花容的华丽形象，令初识者惊讶不已，而核桃树上挂着的一颗颗绿底白点、体胖皮溜的核桃果，同样会让吃惯了核桃仁的人们诧异半晌，或者不以为意，擦身而过……为什么核桃树上的核桃长这样？难道我们吃的不是核桃，而是一款人类专用的奇怪品种？别急，若想真正认清果实，我们必须从花看起。

每年9～10月，长在郊野山林或庭院周围的核桃树便会陆陆续续结出丰硕的果子，几个一串，沉甸甸地压弯了枝条，但这些光滑、饱满的青果丝毫不像我们在市场上常见的核桃。树上的核桃果都是从枝端雌花的生长部位冒出来的，理论上，有几朵雌花，便能长几颗核桃。但在大自然手下讨生活岂能一帆风顺？一棵树上总会有许多雌花因为各种不利因素而提前牺牲或无法结实，剩下的幸运儿经受粉、受精、育胚、产子后，柱头下方整个部位才会膨大，形成青皮核桃。你看树上圆状果实的头顶，还残留了一点柱头的痕迹，它就像我们身上的肚脐眼一样。

一般看到满树圆溜肥大的鲜果时，馋嘴的男孩子都不由得摩拳擦掌，纷纷脱鞋捋袖，一鼓作气爬上树或拼命摇晃枝叶，或拿长棍敲打，把成熟的核桃打落。未熟核桃的绿色果皮不会开裂，可一旦成熟便会从"肚脐眼"往果柄处自动裂成好几瓣，露出我们最熟悉的"真"核桃了。有时裂痕到底，便可见诱人的皱壳核桃仿佛置身于一只松开的鹰爪当中，只要我们摇摇树干，它们就会乖乖脱落。当然，这么赤身裸体落地的核桃很有限，往往一番折腾后，地上躺着的多还是带着绿皮的果子，这种果子被称为"青皮"。若绿皮裂开的还好处理，直接掏出里面硬邦邦的核桃就是；没裂的那些就很麻烦了，外层柔韧的果皮虽然很容易掰开，但掰的过程中青皮会流出黑汁，黑汁含有不溶于水的醌类物质，特别不容易洗掉，这也正是那些贩卖核桃的人手指黑黑的原因。

核桃完全成熟时果皮会不规则开裂，裂口处的黑汁被风干后，留下道道黑色伤疤，与绿皮内侧白色的表皮形成鲜明对比，告诉早已

虎视眈眈的吃货们："我已熟透啦，快来吃我吧！"但对野生动物来说，这黑汁更是一种警告：尚未成熟的种子会被果皮紧紧包护，若有嘴馋又心急的小动物忍不住摘来吃，那就要受到黑汁的惩罚了——弄脏身子倒没什么，反正常年不洗澡，身子就没干净过；问题是这黑汁含有单宁类物质（单宁类物质怎么了？想想柿子没熟什么味儿就知道了），咬一口，是的，那要命的涩味能迫使任何动物本能地丢掉手中的食物，以后都不敢再来尝鲜了。

呆萌的动物不懂得利用工具，拿生核桃没办法，作为已征服诸多"野味"的人类，怎么可能奈何不了这种小儿科的"防身术"？事实上，在农业生产中，为保证核桃的产量和品质，农民都会等到果实充分成熟时才采收，但会把握好时机，以免青皮开裂挂在树上太久，会增加霉菌感染的概率，导致果仁变黑、发霉。

我在植物园果熟季节常见大叔大妈们拿长棍乱打核桃，果子是打下来了，可次年准备开花结果的枝芽也被打残打断了，这会严重影响第二年的果实产量。所以建议采摘核桃时最好选根有弹性的软木杆，瞄准枝端的核桃，从内向外顺着枝条打落，方有助于核桃树的"可持续发展"。有经验的吃货还会借打果顺便对核桃树进行修枝整形，以便果树次年继续丰产。

壳儿硬，壳儿脆，四个姐妹隔墙睡

取核桃最省事也最保险的办法是等青绿果皮自动裂开再动手，当然了，直接买处理好青皮的核桃显然是最大众的选择。但拿到硬邦邦、皱巴巴的核桃后，似乎真正令人头疼的事才刚开始。虽然现在园艺师为"核桃控"打造出了壳薄如纸、易取整仁的"纸皮核桃"，只需两指一捏，"纸壳"随即破裂，但这种核桃的价格较高，还偶有被"忽悠"的风险。而对于普通的核桃，要怎样才能打开这层堪与牙齿比硬度的坚壳呢？

我见过"门夹法"——把核桃放进门轴一侧的门缝里，用力一关门，"啪"的一声，核桃便裂成几瓣，当然条件是门够结实。还听过"脚踩法"——很简单，把核桃放地上，一脚使劲踩下去，核桃便碎了，前提有二：一是鞋底要干净，不然桃仁儿没法吃；二是须穿硬底鞋，不然核桃没碎，你的脚底先"碎"了。而我亲身实践过"椅砸法"——抬起一只椅脚对准核桃，猛地往下砸，顿时碎裂一地，目的虽达成，可场面很难看，用力过猛常使硬壳夹着种仁溅散各处，我不得不一边捡一边吃……最让我顶礼膜拜的当推"钥匙法"——找一只单面有凹槽的尖头钥匙，从核桃微凹有细孔的一侧插进去，用力拧转几下，核桃壳就沿着两纵棱缝线裂开了，还裂得干净利落，这种办法适合注重个人形象的吃货，但若碰上顽固不屈的核桃，钥匙也是没法子的，甚至有掰弯、折断钥匙的危险，慎用！

以上偏方虽好使，但比较麻烦，效率不高，也不太文明、卫生（钥匙法除外）。我曾看过卖核桃仁的老板操着一把特殊的钳子在夹核桃，与普通钳子相比，核桃专用钳的钳口向外凸成一个"O"形，很适合卡住核桃再使劲"咬"碎，老板拿这钳子先钳一下核桃两头，再钳两侧纵棱，轻轻一用力，硬壳便分成几瓣，核仁也完整无损。这一系列步骤不过10秒钟，其专业、灵活的动作在教人直竖大拇指的同时，也为这项利国利民的伟大发明——"核桃钳"感动不已。

人类有了各式各样的工具相助，吃核桃仁就不成难题了。那野生动物怎么办？它们一副呆萌样，真的能吃到核桃仁吗？别担心，你看那些拖着大尾巴的松鼠们，一个个身手敏捷，爬树觅食犹如平地奔跑，嘴上还装着两对终生更新、锐利耐磨的门牙，啃破硬壳是没问题的。只要人类不过多打扰这些啮齿类小精灵觅食，在野外或公园遇到它们也别去跟踪、偷挖它们藏匿的干粮，那这些可爱的小动物就会长久活跃在我们身边了，而它们的存在也能帮助野生果树传播种子、繁衍后代。另外，有人在美国加利福尼亚州和瑞士日内瓦市观察到一种乌鸦，它们居然会用嘴叼着核桃飞到几十米高空，然后瞄准地面的石块，一松口，核桃落下来与石块碰撞碎裂，迸出核仁，这样便能享用果核里的美食了。

从哪儿来？到哪儿去？

目前，全球确切地冠以"胡桃属"姓氏的物种有21种，从欧洲东南部到日本，从加拿大东南部到阿根廷，都有它们的踪迹。其中，食用价值最大、栽培最广的核桃（Juglans regia）据说原产于中国新疆至西亚的广大地区。距今两千年前，核桃才经由丝绸之路进入我国西北地区，并被自然驯化。《中国植物志》记载核桃的另一中文名叫"胡桃"，意表"胡人的桃子"，因为我国古代把北方边地及西域各民族人民唤作"胡人"，而"胡桃"很可能是他们引种或栽培的产品。此外，现存最大的野生核桃林（几乎是纯核桃林）便位于吉尔吉斯斯坦境内海拔1 000~2 000米的地方。

核桃到达欧洲的时间，大约是古罗马时期或更早，其英文名

为"walnut",源自古英语"wealhhnutu",意为"外国来的坚果"。那时,核桃从意大利及高卢地区传入英国,17世纪时又被英国殖民者带到美洲。如今,亚洲的中国、欧洲的法国、希腊、保加利亚、罗马尼亚等国,北美洲的美国、墨西哥,南美洲的智利,都是核桃的主要产区。近年来,核桃树还把根成功扎进大洋洲的土壤里,如新西兰和澳大利亚东南部。如今,核桃的分布范围基本覆盖了北纬30~50度和南纬30~40度的地区。

核桃果真补脑吗?

撬开核桃坚壳后,你会看到四仁连体的核仁(前提是你的撬壳方法很完美),它们外披一层褐色薄纸质膜,剥离后则露出天生滑嫩润白的核桃仁,这便是我们所食用的部位。核桃仁表面起伏不定、曲折有致,如同我们大脑皮层的形状,按照中国人"以形补形,吃啥补啥"的传统观念,人们普遍认为它可以益智健脑。这是真的吗?先让我们来看看核桃仁的主要成分吧。

不饱和脂肪酸,这是坚果类果实普遍富含且最具"宣传价值"的组成物质,包括亚油酸、油酸、α-亚麻酸等,其中的α-亚麻酸能在

人体内转化为DHA（二十二碳六烯酸）、DPA（二十二碳五烯酸）和EPA（二十碳五烯酸），而DHA即是被许多商家奉为"脑黄金"的玩意儿，对婴儿的智力和视力发育至关重要。其次，鲜核桃仁含有较多蛋白质，包括人体所需的七种必需的氨基酸，占总重量的18%左右（不同品种的含量之间有细微差别）。另外，核桃还或多或少的含有磷、氮、钙、镁、铁等多种人体必需的矿物质。

再来看看我们每天都在高速运转的大脑又偏爱哪些营养成分呢？水、氧气、蛋白质、葡萄糖、脑磷脂、不饱和脂肪酸和钙、锌、铁等矿物质。如此看来，核桃真的称得上是一款合格的大脑补品了。但它毕竟不是药品，亦不是主食，我们可以用它来解馋提神、补充营养，但不必因此神化它。

核桃果除了核仁美味可食外，果皮亦非一无是处。经过一代又一代劳动人民的智慧发酵，无论涩不堪言的外果皮，还是坚不可摧的内果皮，都可各自发挥一定作用。核桃的绿色果皮并不是只会给人类增添麻烦，人们利用它分泌黑汁且难以洗净的特性，将其加工成褐色系染料，染制出不易掉色的布品。而硬邦邦、皱巴巴的核壳，经研磨后变成粗粒粉末，可用作便宜、实用又环保的打磨材料，打磨软金属、石头、玻璃纤维、塑料等多种材质，亦是石油钻井工业中常用的一种堵漏材料。有些天马行空的画家还将壳粉掺入颜料里，混合后用以营造特殊的画面效果。而去了外果皮的核桃，在我国还有一个大用途——"文玩核桃"，也就是大爷大妈们手里常常转揉把玩的那两颗油亮暗红的"转手球"，成为具有收藏和鉴赏价值的工艺品。

核桃的霸道

所谓"金无足赤，人无完人"。核桃虽讨人喜欢，壮大、优美的树形亦使其成为良好的园林绿化植物，可它的天然性情却不太善良。核桃外皮分泌的黑汁含有名为"胡桃醌"的醌类物质，这种物质有毒，可以抑制其他植物生长。不同种类的核桃所释放的胡桃醌量不同，有些品种的毒素甚至能够置身边的植物于死地，使其周围寸草难生，即使将树移走，胡桃醌也会残留在土壤中达数年之久！

核桃家的成员这种用狠毒手段排挤潜在的资源竞争者、取得唯我独尊霸主地位的生存方式，在植物物种之间经常发生，是一种极端的竞争手段。植物学家把这类你死我活的竞争现象文雅地称为"化感现象"或"化感作用"。

碧　　根　　果

　· 谁 言 益 寿 唯 此 家 ·　巧 手 取 仁 练 脑 瓜 ·

　　如今，吃货们都在以补脑为由大吃坚果，我也如此，但任何食品的营养成分是绝对的，营养功效则是相对的。然而，有这么一款刁钻高傲的坚果，它以香甜酥脆的核仁引诱众多吃货，又以硬脆顽劣的核壳考验吃货们的耐心和热情，结果是食客一边贪恋它的美味，一边抱怨它太坚硬。当我也开始迷恋它时，才恍然大悟——坚果也许真的可以锻炼脑力，倒不是其营养成分多么的有利于智力提升，而是优雅地剥开坚果的核壳、尽量完整地把核仁抠出来的过程，不亚于挑战一道奥林匹克数学题。

　　各位看官是否猜出我指的是哪种坚果啦？没错，正是声名远扬的碧根果！此货不仅以美味著称，更因"顽固"的核壳给坚果控们留下了刻骨铭心的印象。据说，擅长除壳取仁的吃货还因此获得"小资手"的美名……

如何修成一颗"长寿果"

我第一次听说碧根果，是通过它颇为吉利的别名"长寿果"。注重养生的吃货或许更熟悉这个别名，也更关心这称呼是否名副其实。我们不妨先来看看碧根果的"内涵"：每100克碧根果种仁约含13.8克糖类，72克脂肪（人体必需的Omega-6脂肪酸占多数），9.1克蛋白质，多种微量元素如钙、铁、镁、锰、锌以及维生素B1、B2，维生素E，等等。

再来瞧瞧我们的身体喜欢什么：碳水化合物、脂类、蛋白质、水、维生素、矿物质。前三样是如雷贯耳的三大产能物质，在人体内新陈代谢产生能量，亦是构建人体的重要材料。水的重要性不言而喻，身体缺水要比缺食物更可怕。维生素（有机化合物）和矿物质（无机化合物）虽不供应能量，亦不参与机体构建，却别具用途，且不可替代，均是保障人体正常生长、维持生理功能稳定的必需营养物。

所以，碧根果的营养价值还是很高的。其富含的不饱和脂肪酸可以有效降低患胆结石的风险，并降低人体内低密度脂蛋白的含量（低密度脂蛋白过多的话会增加患冠心病和动脉硬化的概率）。相对于其他坚果而言，碧根果的锰元素（可激活许多种功能酶，促进人体代谢过程）含量要多出很多，因此碧根果是一款适合用来补充锰元素的食物。值得注意的是，凡事都须讲究"度"，补给任何营养成分过量，都可能弄巧成拙，引起"营养富余症"。

作为休闲零食，日常食用适量的碧根果对人体确实有益无害，可以起到补缺保健的作用。但它所含的营养物质并不独特，在其他多数坚果，包括同家族的"堂表亲"核桃中也能找得到，只是各组分含量有所差别罢了。当然，除借助食物的养生功效外，我们必须同时保持规律的生活节奏，合理安排膳饮、寝息、工作时间，适度进行锻炼，保持内心平和愉快，方能修成一颗"长寿果"。

时髦的洋名

碧根果，乍一听像个洋货名，莫非是一款舶来品？是的，你说对了。这款坚果来自北美洲，老家是墨西哥和美国，英文名是"Pecan"，音译即为"碧根果"，意指"一种需要石头击裂的坚果"，是美国山核桃树的果实。其"官方"中文名为"美国山核桃"，隶属胡桃科山核桃属，看官们可别将它与另一种名称相近也广受青睐的坚果"核桃"混淆了。

核桃虽然也是胡桃科的一员，但姓氏乃"胡桃属"，与山核桃算是堂表亲，所以二者长相既有从共同祖先继承而来的相同特点，亦有属于自己的个性标签。单就果核来说，碧根果形体长椭圆状，中间肥、两头尖，核壳外表皮平滑无褶，核内几无空隙，种仁之间的隔膜较厚。核桃则为圆球形，粗细均匀，内外表皮皱巴巴，凹凸不平，核内空隙稍大，种仁间的隔膜如薄纸。但由二者坚硬的果核、核内四仁连体且有纸质膜披覆、表面折曲的共性仍可看出，山核桃家和核桃家是有一定血缘关系的。

早在人类进行农耕活动前，碧根果就因其能够提供比其他野食更多的单位热量，顺理成章地成为远古社会的一种重要食材。16世纪初，西班牙探险者在墨西哥和美国东南部接触到碧根果，他们是第一

① 国产山核桃　　　　　　　　　　② 碧根果

批发现这种美洲美食的欧洲人。当时欧洲人还不认识山核桃属植物，便把碧根果错当成胡桃属的果实，并把它带到欧洲。后来植物学家才从植物标本和文献记载中纠正了这一误识。一直以来，碧根果在其产地都是重要的农作物。美洲印第安人将野生碧根果当作一种日常食物和交易产品，但直到19世纪80年代，美国才开始驯化和商业化种植碧根果。今天，美国碧根果的产量占世界产量的80%～95%，其他主要产地有澳大利亚、巴西、中国、以色列、墨西哥、秘鲁和南非等国。

理想条件下，美国山核桃树可以存活并持续结实超过300年。它们大多自交不亲和，即同一植株的雄花花粉不能被雌花接受。这可能因为大部分栽培品种承袭了野生山核桃的一个杂交保障策略——雌雄蕊异熟，即同一植株的雌蕊和雄蕊不同时成熟，以防止自我交配。所以，人们通常让不同品种的美国山核桃树相互授粉杂交。

洋货势头猛，国货也不弱

目前，全球有17～19种山核桃，其中大约12种原产自美国。对于碧根果这么一款集美味、营养和提神作用于一身的果实，吃货们不仅要问：难道我大中华土地上就没有与之媲美的同属国货吗？别急，

我国浙江、安徽、江西等省，就土生土长了碧根果的姐妹种——山核桃。其品相和内涵，丝毫不逊色于太平洋彼岸的美国山核桃。

国产山核桃因其容貌与核桃相像，体积又小于后者，所以也被称作"小核桃"。该俗名特别容易误导未曾见识过山核桃的孩子，不知情的总以为这是某款袖珍型核桃品种，但尝过它的人都知，山核桃和核桃的味道大相径庭，前者甜而熏香，后者味香而不甜。

那国产山核桃和洋货碧根果又有哪些不同？

只要将它俩放手里一比较，答案自然显现。山核桃体态圆溜溜，碧根果中间粗、两头尖，似纺锤，前者明显比后者小一截。再用力捏捏两者，兴许碧根果的核壳会碎裂，但山核桃是没法捏裂的，可见后者比前者的内果皮硬多了。

因山核桃体积小又顽固，故爱啃这玩意儿的人都先将之洗干净，便直接整颗扔进嘴里咬几下，只听"咔嘣"几声，接着吐出山核桃到手上，便见小圆球已碎成好几块，再细细、慢慢地从残壳间挑拣碎仁吃。必须注意的是，此法绝对不适用于身体尚未发育完备的小朋友们，以免发生堵喉危险。也有人操着类似"核桃夹"的钳子代替牙齿咬山核桃，效果跟"嘴咬法"差不多，都挺考验耐心的，当然也特别适用于消磨时光、悠闲度日。后来逐渐出现机器批量压壳、人工批量去壳的加工好的山核桃仁，实乃吃货们的福音，以至于有些朋友吃过山核桃仁，却不知山核桃长啥样……不过，以"懒食"为特点的欧美人也不见得认识碧根果的本来面目，因为他们买到手的坚果往往是已经去壳去皮的"赤裸"种仁，若扔给他们果核，相信大多数人会不知如何下口。

真作假时假亦真，碧根果里藏坚果

虽然不少人见过、尝过且喜爱干果市场里卖的碧根果，但到野外或植物园望见碧根果树上挂着的一颗颗鲜绿泛光的长圆状果子时，仍会困惑地问："那是什么？"核桃树也会带给大家同样的困惑，因为它俩的果实都不是专业意义上的"坚果"，而是核果，而且是一种假（核）果。

吃过碧根果的朋友都知道，其核壳（内果皮）又硬又脆，没有核桃壳厚和坚，所以剥壳比较容易，但这不意味着吃起来也容易。因为其果核内空间都被种子占满了，没留一点缝隙，不易松动离壳，不像核桃，胖墩墩的，拿起来摇摇，能明显听见里面种子碰撞壳壁的声音。因此，用力捏破碧根果的核壳后，头疼的事才刚开始。你需要耐心地一小块一小块掰掉硬壳，每小块硬壳在脱离组织的同时也为剩余部分留下顽固的锐角，你只能继续拆壳卸角、拆壳卸角……待你掰到披着深褐色种皮的种仁露脸一大半并稍微松动时，你总会兴奋地以为，胜利的"果子"就在下一步了！可其实，还有好几步呢——已经引诱你垂涎三尺的种子依然欲动不离，被果核两头的尖细锥形角牢牢卡在原处。我不知面对此情此景你将做何打算，反正我是直接动用身上的最强利器——牙齿，把两头尖角咬掉，然后清除果仁周边的琐碎障碍，小心翼翼地取出一瓣喷香的仁肉来解救濒临干涸的唾液腺，接着继续艰难的挖取工作……

不论何时，当季食物仍是美食达人的追求。

在对的时间，遇到对的你们。

你好！板栗、白果、椰子……

时

令

板　　　栗

· 身 披 利 器 唬 吃 货 · 美 食 当 前 谁 示 弱 ·

秋深冬近，北风凛冽，寒气袭人，人们在街上行走的脚步都不由得加快了几分，但此时若有一股浓浓的糖炒栗子的香味，恐怕任谁都按捺不住馋虫，要马上寻味奔去吧。

栗子，这种在我国栽培至少两千五百余年以上的吃食，可以称得上是最受大中华吃货们喜爱的坚果之一，早在《诗经》中便被用作传达爱意的信物：

东门之墠，茹藘在阪。其室则迩，其人甚远。

东门之栗，有践家室。岂不尔思？子不我即！

当板栗遇上钻牛角尖的植物控

栗，即我们常说喜吃的板栗。板栗树是一种高达20米的落叶乔木，胸径可达80厘米。在我国，除青海、宁夏、新疆、海南等少数省区外，栗树广布南北各地，从平原到海拔2 800米的山地都有种植。

在漫长的岁月中，园艺师们根据不同地域特点，培育出多种可量产的板栗品种，如优良的欧洲栗，它的果实个头适中、味道香甜、容易去皮；美洲栗果则通常较小（大约5克），但味道甜美，也方便剥皮；日本品种中有些个头很大（大约40克），却难以去皮。对比来看，中国板栗可谓表现出色：各品种既容易撕掉种皮，味道也不错，个头根据品种不同大小有异，但一般要比日本板栗小。原来它们早就晓得"可持续发展"之道……

特定区域的环境资源总是有限，共处一地的植物之间不可避免地要为自身生存暗地较劲，表面风平浪静，实则竞争残酷。一粒栗子成熟落地后，若想茁壮成长、开枝散叶，就得想方设法离开母体，勇往直前另寻适宜扎根之地。但众所周知，除了藤蔓植物外，其他草木没腿没脚没尾巴，不能自动挪移，那栗子是怎么起程的呢？

别忘了，世界上还有动物。栗树常在秋季结果，此时气温渐降、寒风已起，活泼好动的小动物们比往日更加频繁现身，四处找寻食物储藏起来准备过冬。栗子富含淀粉和糖，是补充能量的极佳果实，自然成为亟须增肥的小动物们的首选口粮。然而栗子身披一件布满锐刺的"盔甲"——壳斗，没熟透之前，栗子一般不会自动掉落，而是高挂枝头，藏身壳斗之中，即使落地了也常和"盔甲"形影不离。若想收获这大自然馈赠的可口果实，唯有手脚敏捷、胆大心细、勤快觅食的动物才可以做到。松鼠，便是其中的佼佼者。

见过这小家伙的人都知道，活泼可爱的松鼠绝对是爬树好手，它们能从树下眨眼间爬到树梢，从几十米高的树冠轻而易举地跳到另一棵树上，采食栗子更是雕虫小技。它们四肢强健，趾爪修长、尖

利、微弯呈钩状，能熟练掰开已经裂口的壳斗，掏出里面的坚果。松鼠脸颊内侧有颊囊构造，能暂时存储食物。苍天一定十分宠爱这群小精灵，所以额外赐给它们四颗强硬的小门牙，同其他啮齿动物一样，这些门牙会一直生长，它们可以轻易撕下硬邦邦的果壳，享用美味的果肉。松鼠喜欢独来独往，它们白天活动，不冬眠，入冬前觅食更勤快，储备干粮，待天气冷得不行了，就甚少出窝活动，而是在洞中抱着毛茸茸的长尾巴大睡特睡。

　　等等，那栗子全被吃了，栗树还怎么完成繁衍种族的使命？放心，所谓"魔高一尺，道高一丈"，栗树每年都会产出非常丰盛的果实，来满足小动物们的胃口。纵使是松鼠这么贪吃、勤奋的熟客，也网罗不了所有栗子。最重要的是，松鼠会未雨绸缪、囤积食粮，这着实是个好习惯。它们会远离栗树挖下地洞，把吃剩的和未熟的坚果埋进土里藏起来，有时会聪明地分成几批，埋在不同的地方。于是状况来了——总有几只松鼠记性差，忘了自己亲手打造的小粮仓地点，藏得分散了更是晕头转向，甚至永远找不到。被埋的栗子自然会抓住机会，得意扬扬地萌发了。就算某天松鼠找到"地下粮仓"，恐怕心急的栗子也已经生根发芽了。

瞧，对栗树来说，松鼠简直就是无敌播种机！小家伙们傻傻地帮栗子安家，栗树献出一半果实回报它们又算得了什么。互助互利，各取所需，携手演化，同享阳光和雨露，才是自然之道。

野外遇栗子，莫偷松鼠食

摘过野生板栗的人都知道，采食板栗可不是一件好玩的事：它的壳斗上布满了又硬又密的尖刺，让人望而生畏。尚未成熟的板栗，壳斗开口很小，俗称"毛栗子"，长在树上就像一只只挂着的袖珍刺猬，绝对秒杀密集恐惧症患者。毛栗子很难被从树上打落，也很难被撬开，纵使人们费尽九牛二虎之力挖出生栗子，味道也是难以下咽。且耐心等上几天！记住这个地点、这棵栗树，过些日子再来，就会发现毛栗子们已张大嘴巴，嘴里正含着饱满发亮的坚果，仿佛召唤我们赶紧站到树下接着。

先别兴奋过头，野外采摘栗子是桩充满技术含量的冒险活动。一人上树拿棍子敲打枝条，其他人必须远离栗树站着；若树木不高或瘦弱，也可以在树下击打或摇晃，但这种情况很危险，从树上哗啦啦掉落的可不只有成熟的栗子，还有贴身保卫的壳斗。若这件锐器正好飞去与你亲密接触，恐怕没有理由不付出"血的代价"了。

有时过几天再去，想收获一袋新鲜板栗，却惊讶地发现地上几乎不见一颗栗子，只有空空的壳斗遍布原野，枝头的壳斗虽张着嘴巴，嘴里的果实也不翼而飞。有经验的人会立刻想到这是勤劳的小松鼠干的好事，它们一定把栗子藏到某个隐蔽的地方了。也许经过地毯式搜寻，终会找到那个诱人的小食库，然后不劳而获，高高兴兴抱着栗子回家。但是，可怜的松鼠们会怎样？我们回到家中还有米面肉菜填肚子，可小松鼠们失去了过冬的食物，却有可能在即将到来的冬季挨饿。它们和人类一样没有任何特异功能，"坚果库"是靠每天早出晚归，顶着寒风来来回回跑了几百趟，冒着被壳斗扎伤的危险打造起来的，结果竟被人类一声不吭地抢走了，想想都替松鼠心疼……

拿什么拯救你，美洲栗！

虽然我国乃至世界栗属植物分布广泛，栗子产业蓬勃发展，栗子及其加工品总是市场常客，但整个栗属仍遭遇不少病菌的危害，甚至某些品种因此濒临灭绝。其中，美洲栗是最可怜的一位，自从遇见栗疫病菌，美洲栗就深受这种栗树天敌的迫害。东亚栗种，如中国板栗、日本栗、茅栗等，很久以前已认识栗疫病菌，在长期抗衡和协同演化过程中逐渐练就一身抗菌本领，受伤程度不大。而欧洲和北美洲栗种，过去未曾碰上栗疫病菌，体内几乎没有具备相应的抗体，所以到了20世纪初，栗疫病菌漂洋过海侵入美洲大陆时，短短50年便"屠杀"美洲栗近40亿棵！简直快把生机盎然的美国东海岸生态系统夷为废墟——那儿一直是美洲栗大唱主角的舞台，许多动物都以栗树的叶、花、果为食，或以栗树为家。

欧洲和西亚的栗种也易受伤害，只是不如美洲栗这么不堪一击。1983年，一些愁眉苦脸的美国人（据说多达6 000人）为此成立了美洲栗保护基金会，致力于挽救这个曾经家业辉煌、如今却"人口"凋零的物种。那些拥有抵抗能力的栗属物种，特别是中国板栗和日本栗，陆续被请去与美洲栗反复杂交，再经重重选育，终于产出既能抵

抗病菌，又像祖先那般高大威猛的混血后代，但这群兼具亚美血统的新生代有些娇气，只喜欢长在美国少数地区，要想拯救奄奄一息的美国东部栗树群，尚需时日。

白　　　　　　　果

世人只知果叶好　·　长岁孤身皆寂寥

　　若哪一天植物界举办选美大赛，我相信有种植物，定将以其与众不同的姿容、优雅脱俗的气质和居高不下的人气，名列前茅。它就是银杏。银杏之美，是举世公认、独一无二的，尤其是它那极富个性的扇形叶，已成为众所周知、人见人爱的天然"名片"。

　　我第一次真正认识银杏，是在大学实习时，老师带我们在校园里认花识草。当走到一株高大粗壮的银杏树下，抬头仰望那片片迎风摇曳、绿黄相染的扇形叶，以及挂满枝头的银杏果时，大家都不由得驻足观赏，连白发苍苍的植物学老教授也动情地说道："再过一个月，银杏的叶子就差不多全黄了，到时秋风一吹，满地都是金黄的落叶，光影交错间便是秋的韵味。我至今仍觉得，若地球末日，到最后只剩银杏一种植物了，这世界也依然美丽。"

光芒闪闪的活化石

对植物学家来说，银杏之美还在于它独特的分类学地位。身为裸子植物一员，它竟独占一门，即银杏门往下，是银杏纲、银杏目、银杏科、银杏属、银杏。如此独树一帜的现象，在整个植物界也是罕见的。因而，银杏及其家族的演化秘密一直是古植物学家乐此不疲的琢磨对象，但研究过程并非一帆风顺，人们很难找全各个地质时期的关键、确切的化石证据，来描绘银杏家族的祖先到现代银杏的一系列演变步骤。

1989年，由我国考古学家挖掘发表的一套银杏化石是目前已知年代最早、保存最完整的化石证据，其生殖器官化石直接证实了银杏家族早在恐龙诞生之前就已现身地球，后来还携手恐龙走过热闹蓬勃的侏罗纪时期。遥想那段光辉岁月，银杏家族应该同今日的柳树一样繁盛吧。

现在，科学家们从已出土的十分有限的银杏化石中推知，距今约2.7亿年前，银杏科属便基本形成，过了几千万年，恐龙开始出现，而银杏家族则早已进入昌盛时期。可是，大自然从不赐予任何生物永恒的平安和荣华。随着被子植物出现并迅速爆发、壮大，辉煌一时的银杏家族和其他裸子植物急剧衰落，往后几次高强度、大规模的气候变化，更是把应变能力有限的银杏家族打击得支零破碎、残败不堪了。到如今，只剩银杏孑然生息。

我们很难想象，现代的银杏种是如何死里逃生、忍耐孤寂，熬过那漫长岁月的。如此残酷的时光雕琢，给银杏之美平添了几分悲情和

伟大，亦把它打造成了裸子植物群中一颗闪亮的"活化石"。

繁华的表面，脆弱的家业

也许是因为经受过大磨难，今日的银杏，既特立独行，又无比顽强。瞧瞧它广布全国的栽培区，北自沈阳，南达广州，东起华东海拔40~1 000米的地带，西南至贵州、云南西部（腾冲）海拔2 000米以下地带，足以彰显它强悍的生命力。银杏喜欢阳光，扎根深，对气候、土壤不太挑剔，萌发新芽的能力强。但是它从种子萌发到壮年期的过程特别缓慢，没有几十年树龄是结不了果、成不了材的。一般用银杏种子育苗，20年后才进入繁殖年龄，开始结种。故古人趣称银杏作"公孙树"，意指爷爷播下的银杏种，要长到孙子那辈才长成银杏大树，才吃得着大树产的白果。但栽培苗就不同了，人们常将由种子长成的实生苗、移杆苗或根蘖苗进行嫁接，可使银杏结实期提前至8~10岁。

即便随处可见银杏成景、白果出售，但因为它是我国特产的子遗稀有植物，所以仍是国家重点保护的对象。经过几十年的植物学调查，专家们发现我国仅存几片野生的银杏林，其中最大的野生林

分布在重庆金佛山，主要位于海拔1 100～1 230米的地方，生长旺盛，从青年至老年各年龄段的树木一应俱全，更重要的是具有丰富的遗传多样性。

除此之外，我国的云南贵州交界处也零星分布着少量野生银杏林。值得一提的是，1954年在浙江天目山发现的银杏林曾被认为是我国唯一残存的天然银杏林，但近年的相关研究表明，这片林子极可能是人工栽种的，是寺庙文化遗留的产物。为什么呢？因为天目山银杏林的遗传多样性很低，而自然繁衍的树林不太可能出现这种情况。遗传多样性低意味着该地栽培的银杏都共享着差不多相同的遗传物质，彼此的应变能力半斤八两，一旦发生病害，那此处几百株本质一样的银杏就很可能会遭遇灭顶之灾。

是"核果"，还是种子？

银杏是落叶大乔木，身姿矫健、挺拔，主干向外伸出一轮轮大分枝，分枝斜上伸展，若你留心观察，会发现在大分枝和较长枝之间还有许多极度缩短的粗枝，这些长枝和短粗枝的脾性却不太一致。长枝上，扇形叶螺旋状排列散生，常从中间不同程度地裂开；短枝上，扇形叶若干片密集着生，边缘呈波状，而我们爱吃的"白果"就是从短枝上冒出来的。

银杏还有个好玩的地方是雌雄异株，且雌雄球花均生于短枝顶部的鳞片状叶内。雄球花像条荑黄花序，不过"花序"上长的不是花，因为裸子植物是没有花的。雌球花更有趣，有明显的长柄，柄端有分叉，叉顶内含有一个胚珠，胚珠成功受精后就会发育成核果状的种子了。种子被长柄垂吊于短枝上，具三层种皮，外种皮肉质、中种皮骨质、内种皮膜质——等等，怎么听起来很耳熟，像是"核果"的定义？没错，典型的核果，如桃、李、梅、杏等的果实，也有三层不同性质的果皮，可是，银杏乃裸子植物的一员，裸子植物的共同且突出的特征是"无花、不结实"，所以银杏即使是"裸子"中的奇葩，它的雌株短枝上冒出来的"核果"也肯定不是果实，而是种子，即我们俗称的白果。

白果从何而来

没尝过白果的朋友或许会困惑，为什么要叫它"白果"？看白果果肉的颜色，明明不是黄就是绿，貌似跟"白"不沾边呢。其实，真相是这样的，人们常说的"白果"是指被中种皮包裹起来的类似果核的部分。而银杏成熟时，外种皮呈橙色，被覆白粉，柔软多汁；中种皮呈米白色，硬不可摧；内种皮呈淡红褐色，薄薄一层围合种仁。

每年一到丰收季，总有人会去捡拾银杏种子，或敲打树上未落的银杏种子，甚至不惜冒着生命危险勇攀树冠，吃货精神堪比科研人员的研究热情。而银杏种子采摘期过后，很快会出现另一道风景：一摊一摊的银杏种子被铺开暴晒，一股若隐若现的臭味也随之产生，这味道来自腐烂的银杏肉质外种皮。几天后，臭味消失，外种皮也变得干裂，可以被轻松扒掉了。这时的银杏种子颜色变白，因此得名"白果"。市面上出售的银杏种仁几乎都是这种被去了外种皮、可长期储存的白果。

记得小时候过年，总有亲戚送来不少白果，春节前后吃白果百合

汤，曾是我家的一个"年俗"。但要想吃上这道菜，就不得不做一点棘手的准备工作——剥除白果的硬壳。乍一看这些白果，有点像闭合的开心果，通体滑溜、洁白，教人不知如何下手。于是我操起一把小铁锤，对准已稳稳躺在地上的有棱有角的白果敲击几下，直至果壳开裂。过程听似简单，其实饱含技术含量——得控制好敲击力度，重则砸跑白果或砸碎种仁，轻则毫无成效。只有分寸拿捏恰当，方可一敲即裂。

坚壳裂开后，露出薄膜质的内种皮，搓一下便掉了，顿现真正可食的光滑柔嫩的种仁，然后入锅煮熟，出锅时即成一粒粒莹润如玉的小圆球，令人垂涎三尺。尝过的人都知道，白果仁的芯是苦的，这芯便是子代生命体的雏形——胚，仔细观察，会发现这芯具有嫩叶状结构。而我们食用的仁肉，实际上是储存和供应养分、味甘略苦的胚乳。

毒可作药药变毒，真真假假须明辨

白果仁有毒？这倒不是危言耸听，而是确有一些根据。其毒性主要来自一种名曰"银杏酚"的天然化学物质，银杏的扇形叶也含有少量这种物质。银杏酚是维生素B1的拮抗剂，进入人体后，可能会抑制某些生理活动，最终引发癫痫或惊厥。银杏酚耐热性强，遇热不易分解，烹饪也无法消除。因此熟食白果时，务必控制好数量，小孩更要少吃些。最好先去除白果芯，并控制食量在10粒以内。处于孕期的女性和哺乳期妈妈就建议别吃白果了。

往往国人听闻某种植物有毒，首先想到的似乎是该植物能否做药治病。古人云，是药三分毒；毒药、毒药，毒和药本是一体，只要掌控得当，应该可以化毒为药。于是乎，每年落叶时节，围在银杏树下团团转的人，不仅有找种子的，还有专门捡扇形叶的。一些游客捡银杏叶，是出于爱美之心，被漂亮的扇形叶吸引了。可有些大叔大妈拎着袋子弓着身，捡了好长时间，像是收集落叶准备卖的，起初颇让我费解。后来有一天，我忍不住上前询问一位常在银杏树下转悠的大爷，为何捡这枯叶？大爷说，看了一档养生节目，里面讲银杏叶和白果一样含有啥啥啥，每天拿银杏叶泡水喝可以预防痴呆，有益身心，而且白果太贵了，还不如嚼叶子吃呢。我懵了，这样也行？

其实2008年一项NCCAM（美国国家补充和替代医学中心）资助的研究已得出结论：作为一种预防早老性痴呆的天然物质，银杏显然不"合格"，因为它对减缓认知能力衰退并起不到什么作用。此外，也无有力证据表明，食用银杏能缓解高血压、耳鸣、黄斑变性等疾病。银杏入药，还须谨慎哦。

椰　　　　　　　子

形 似 怪 脸 名 瘆 人 · 内 外 是 宝 可 装 萌

在古阿拉伯民间文学名著《一千零一夜》中，有一个航海冒险家辛巴达七次航海历险的故事，其中一段辛巴达第五次出海的经历很有趣：辛巴达在海上飘荡多日，偶然到了一个名叫猴子城的城市。顾名思义，这里的猴子特别多，它们白天偷城外果园里的果子吃，吃饱了躲到山中睡觉，晚上就成群结队地窜进城掳掠财物。

所以猴子城的百姓都有一个奇怪的习惯：一到夜幕降临，他们就离开家，乘船到海上过夜。起初，辛巴达也夜夜移寝海上，次日清晨再划船靠岸。直到一天，有个本地人传授他一项可以维持生计的本领——先去捡石头，然后到猴子栖居的山谷，那儿长满了高不可攀的大树，猴群一见人来就立马躲藏到树上。人们拿石头扔向树上的猴子，猴子就会模仿人的动作，摘树上的果实当作武器进行还击。很快地上就堆满了野果。结果扔石头的人们用石头不费力地"换"回一袋袋野果，贩卖赚钱，辛巴达也得以挣得一笔回家的路费。

　　这个故事中，猴子用来当作武器的野果就是在热带、亚热带沿海地区最常见到的椰子。有趣的是，现实中有些地区收获椰子还真会请猴子来帮忙。如泰国南部和马来西亚的吉兰丹州，当地百姓会训练一种名叫豚尾猴的猕猴，每到椰子成熟时，就让这些猕猴上树采摘，甚至设立了专业的猕猴培训学校，每年举办采摘比赛评出"最快收获者"。

　　而关于椰子，可讲的也不只猴子城这一个故事，有个咱中国本土的传说不得不拿出来八卦下。

其浆如酒的"越王头"

　　西晋文学家嵇含所著的《南方草木状》一书，是世界现存最早的区系植物志。书中提及一事：林邑王曾与越王有怨，于是派遣侠客刺杀越王，得手后将越王的首级悬挂在树上，没想到越王的首级竟化成了一颗果子。林邑王命人剖开这果子，喝掉里面的汁液，并把果壳当杯子用来饮酒。据说遇刺时，越王是喝了酒的，所以他的头颅化成的果子其浆如酒般香醇。从此，南人纷纷效仿林邑王，饮用这种果子的浆汁，并用壳来盛放食物，而"越王头"也成了椰子的一个中文别名。

　　这就是关于椰子来历最"血腥"的传说。这个传说的真假讨论暂且搁下，但这个故事却是十分生动、准确地刻画了椰子的关键特征、主要用途和分布区域：身为乔木，椰壳似颅骨，一侧犹如人面，内含甘甜如酒之浆液，既可饮食又可作器皿，遍布南方，广受喜爱。

　　而认真追溯一下，椰子的拉丁学名叫"Cocos nucifera"，直译为"可可坚果"，所以《台湾木本植物志》称其为"可可椰子"。但此"可可"非彼"可可"，椰子和用作巧克力主料的可可

（Theobroma cacao）毫无关系，二者之间唯一的关联不过是其英文读音相近罢了。椰子的英文名为"Coconut"，源于16世纪葡萄牙语和西班牙语词汇"Coco"，意指"头"或"脑壳"。抛开食用价值不说，椰子最令人称奇的莫过于它形似人脑的古怪内壳——椰壳（内果皮）近基部有三个凹陷的萌发孔，极像一个米色的人类颅骨，或是一张搞笑的猴脸。

椰子也被称作"印度坚果"，意大利旅行家马可·波罗早在1280年游历苏门答腊岛时就使用了这个源自阿拉伯语的名词。现存已知最早记录椰子树的文献是在公元545年，我国早在西汉时期便已出现记载椰子的文献，《上林赋》名其为"胥邪"，《史记》称之为"胥余"，《南都赋》称之为"楈枒"，等等。

搭个天梯观椰子

椰子树是种高大、挺立的常绿乔木，广布热带、亚热带沿海地区。其茎干具有明显的环状叶痕（叶子脱落后留下的痕迹），大型羽状全裂叶簇生于茎顶，羽片多而细长。海风吹来，树叶随风摇曳，仿佛一簇翠绿柔软的羽毛在高空欢欣起舞，极具观赏性。因此，许多滨海城市喜欢大量栽植椰子树，配以蓝天白云、热浪海风，实乃一派靓丽、独特的海滨风光。可这都是远观椰子树的感觉，想把椰子树看个仔细，那可不容易，因为它实在是太高了。

椰子树的树冠总是"高高在上"，估计没有太多人有机会看得到它的花，可就是这些生于叶丛中的黄色小花群，最终长出了人见人爱、消暑可口的椰果。椰子花是有性别之分的，上部的花较小，能制

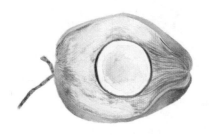

椰子果壳横切面   内果皮图

造并散布花粉，为雄花；下部的花是雌花，相对较大，缺少雄花中那6枚明显的雄蕊。雌花中央有雌蕊，雌蕊上方的柱头接受外来合适的花粉后，下方开始膨大发育，若干天后，便挂出又圆又绿的椰果了，而且一挂就是好几个。据说在非常肥沃的土地上，一棵椰子树每年结实可多达75个。

如果给椰子找个组织的话，那么依据现代植物学的自然分类系统的七个基本阶层来给椰子分个类：由上到下（范围从大到小）依次是：界、门、纲、目、科、属、种，所以椰子在植物学家们的笔记上是这样的：植物界——被子植物门——单子叶植物纲——槟榔目——棕榈科——椰子属，椰子是椰子属中仅有的一种。

椰子全身都是宝

在热带旅游城市的大街小巷，常能见到叫卖新鲜椰子的商店或摊贩。这些椰子大都从树上采摘下来不久，饱满、光滑、青绿泛黄。烈日炎炎，口干舌燥，这时若来一个椰子，喝上几口鲜甜清爽的椰汁，该是何等幸福！要是当场取饮椰汁，则更有趣：水果摊老板会麻利地操起大刀劈开一层厚厚的果壳。从横切面上看，果壳外围绿色部分最

薄，为外果皮，往内是纤维质的中果皮，俗称椰棕，最厚。用力剥下中外果皮，便露出带有三个洞、干燥坚硬的内果皮。

开篇提到，这三个洞，其实是萌发孔，种子萌发时，会从其中一个未封闭的洞口伸出幼叶。老板只需在此孔上轻捅一刀，插进吸管，顾客就能立刻享用甘凉无比的椰汁了。喝完椰汁，可别立刻丢掉椰壳，那简直是暴殄天物。作为高级吃货，我们应当把可爱的"笑脸"递给老板，他便又操刀劈开内果皮，再从外果皮上取下一块，斜向削平一端，用作"小勺"挖椰肉——贴在椰壳内表皮上的白色胚乳。

胚乳层（椰肉）内装有富含养料的乳状汁液，即我们饮用的椰汁。挖起胚乳时，还能看到胚乳背面紧贴一片薄薄的深色种皮。而种子最重要的部位——胚，则低调地长在与萌发孔相对的一侧。种皮、胚乳、浆液和胚，共同构成了椰子的种子。因此，椰子是最特别的核果之一，我们食用的是它的种子。

喝完椰汁、吃罢椰肉，剩下硬邦邦的内果皮是否就无用处了？答案自然是：不！难道内果皮也能吃？这个嘛……别什么都往吃上靠。中果皮厚厚的纤维可以制成毛刷、草席、地毯、缆绳、麻袋等；而抗冷耐热的椰壳则可以做成各种器皿和工艺品，或制成能有效去除污渍的优质活性炭，还可做成特殊乐器。要是在剧院那种拢音效果好的场地，击打半个椰子壳就能产生类似马群奔跑的蹄声。干燥的椰壳是制作椰胡和板胡的原材料，亦是一种菲律宾传统舞蹈的伴奏乐器。

这还不算完，就连军事应用方面，也有椰子的一份功劳呢。第二次世界大战期间，一个海岸放哨员收到后来成为美国总统的约翰·肯尼迪的命令，从所罗门群岛前往一艘鱼雷舰的失事地点救助伤亡船员。那时条件艰难，缺乏纸张，放哨员便把失事鱼雷舰的情况写在椰壳内侧，再用独木舟向外传递。后来，这个刻有重要消息的椰子壳便一直被摆在总统桌上，如今已被肯尼迪博物馆收藏。

而懂得椰子好处的又岂止我们人类。澳大利亚学者曾发现，在印度尼西亚的巴厘岛海域有种章鱼，居然会利用椰壳来防御敌人和掩护自己，这是已知的第一例无脊椎动物懂得利用工具的发现。

搬颗椰子回家种？

椰子虽有千般好，但还真不是在哪儿都能生长的，椰子树是典型的热带树木，喜欢高温、多雨、潮湿、温差小、阳光充足的低海拔生长环境，偏爱沙质的海岸冲积土和河岸冲积土，也能忍受高盐土壤。气候干燥的地区，如地中海东南部和澳大利亚，若无频繁灌溉，椰子树将难以存活，即使那里的温度和光强足够高。但像巴基斯坦这种长期温暖、湿润的地方，尽管年均降水量只有250毫米，但仍能觅见椰子树的踪影。我国福建、广东、云南、海南及台湾等省均有椰子树的分布。

现代园艺培育出了许多极具商业价值的椰子品种，大致可分为"高个儿系""侏儒系"和介于两者之间的"杂交系"。高个儿系和侏儒系拥有截然不同的遗传基础，前者经过异型远交，保持了丰富的遗传多样性，据说侏儒系便是从高个儿系中选育出来的，后者充分体现了人工选择的倾向，更具观赏性，也能更快萌芽和结实。

目前世界上有80多个国家开展椰子种植产业，以赤道和南北回归线的沿海地区为主，每年总共生产6 100万吨果实，为世界各地的吃

货们做出了重要贡献。所以，吃货们也就没必要为着这一口香甜的椰汁，而惦记着要在家里面种棵大树了。点开购物网站，各种椰汁、椰子片、椰粉、椰子糖数不胜数，吃货们可以大快朵颐了。

物以稀为贵，又以贵为珍，

细细品尝价高味美的坚果，

这份闲适本身就是一种奢侈。

腰果、松子、夏威夷果，嘎嘣，嘎嘣……

珍

馐

腰　　　　　　　果

· 一 果 双 型 两 命 运 ·　格 物 还 需 向 花 寻 ·

　　若要从琳琅满目、营养丰富的坚果大家庭中选出一位"果姿"最奇特的选手，你会投票给谁？椰子、花生或是开心果？

　　我则会提名腰果。若你见过它的本来面目，相信你也会支持我。因为腰果在树上时的样子与我们平日吃的腰果仁大相径庭：腰果仁在树上的时候不是原味腰果仁的米白色，也不是炭烧腰果仁的淡咖色，它是浅棕色的，还带了一层不算厚的壳。而最奇特之处在于，腰果的"屁股"上还长着一个大大的"瘤子"！那"瘤子"看起来还很像莲雾、苹果或者红彩椒，颜色从翠绿到艳红渐次变化，光鲜靓丽，水感十足，很是诱人。

腰果也曾嚣张过

　　腰果，又名鸡腰果、槚如树，槚如树是英文名"Cashew"的音译，源自葡萄牙语名"Caju"的读音版变形，是葡萄牙人根据巴西原住民对腰果的发音取的，意指"一种能自我繁殖的坚果"。这说明腰果的食用历史，与巴西人和葡萄牙人息息相关。

确实，腰果原产自巴西东北部，16世纪60年代，已是南美洲当地特色美食的腰果被具有商业头脑的葡萄牙探险者发掘并带到非洲东南部的莫桑比克种植。腰果显然很喜欢那里的气候和土壤，短短若干年就从几株苗发展成一大片壮观的腰果林，并给葡萄牙商人带去了丰厚的利润。赚到钱的商人们又兴奋地跑到北半球差不多同纬度的印度群岛开拓腰果新产地，结果腰果对印度也一见钟情，迅速扎根繁殖。渐渐地，腰果如脱缰的野马，在南北回归线间的大陆上扩张地盘，曾一度势不可当，狂妄得不受控制，被大西洋、印度洋滋润着的非洲、亚洲近海区域及附近岛屿都有它的踪迹。直至今日，尼日利亚、印度、越南、印度尼西亚等地仍是全球腰果的主要产地。腰果生命力顽强，在温暖的地方几乎能够随意生长，但非常怕霜冻，常年强阳高温的热带地区是它们理想的根据地，如今腰果基本定居于北纬25°到南纬25°之间的不同气候区。

至于中华大地，腰果则姗姗来迟，直到20世纪40年代才进入我国市场。我国的腰果生产栽培史可谓一波三折：20世纪50年代末，首次从国外进口的商品种子在广东、海南、广西、云南、福建、四川等南方省份大面积试种，结果遭受了寒害，只有海南和云南取得了一定收获；20世纪70年代初，海南和云南继续引种、大规模栽培，成效还不错；坚持到了20世纪80年代到90年代初，在农业部的重视和推广下，这种充满热带风情的南美洲坚果在中华大地终于过上了一段好日子。可惜好景不长，因栽培管理困难、品种衰退、利润不佳等种种原

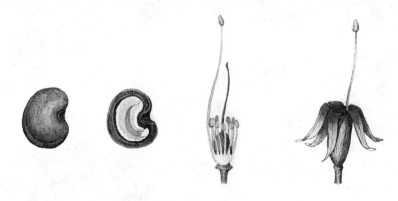

因，我国腰果产业日渐式微，今时今日依旧未成气候。

一果两型的秘密

腰果树是种灌木或小乔木，身高4～10米，叶革质、两面光滑无毛。花很小，可量很多，众多娇小的花姑娘面抹粉妆，密集长到一块，按一定模式排成一大簇圆锥状的花序，并高出浓绿的叶丛，骄傲地立于枝头，张扬而醒目，如此招摇只为招蜂引蝶，执行传宗接代的使命。

你可别轻看这些小巧玲珑的花，它们貌似一致，却内在有别，一个大花序上多数花是"华而不实"的雄性，只有雄蕊健康发育；有些则是两性花，雌雄蕊完好可育，腰果便是从这两性花变换而来的。所以，我们常常发现，腰果树开花繁茂，到最后每个花序却只结出寥寥几个果子，与花朵数量严重不成比例，原来是腰果家有过半数的花患了"不孕不育症"啊。

待两性花的雌蕊受精成功，雌蕊下方育胚的部位——子房便开始华丽变身。在坚果界身价不菲的腰果，其原本面貌（从果端到果柄）总被成两部分，中国人最常吃的是形似微型肾脏的"坚果"，而貌

如蛇果且可食的"浆果"，却并没有进入拥有最多吃货的中华市场，以至于大多数对腰果仁青睐不已的国人，竟茫然不知腰果其实还附带着同样美味的大"瘤子"。

这个"瘤子"是由花托变来的，在子房朝"坚果"方向发展的同时，花托也跟着长肉增肥、膨大成浆果似的"果托"，成熟时表皮蜡质亮滑，呈红、黄或橙红色。果托不仅样貌像莲雾、梨、蛇果、红彩椒，肉也很好吃，完全可以"冒充"水果，供人消暑解渴。在腰果盛产地，人们送它一个形象的称呼："腰果苹果（Cashew Apples）"。腰果苹果柔软多汁、酸甜可口，且富含维生素B和C，具备不错的营养价值，而且还有一点很讨人喜欢——吃起来方便，不必吐籽。美中不足的是，它的表皮含有一种天然化学物质——漆酚，所以吃起来涩涩的，比较影响口味，某些人还会对此种漆酚轻微过敏——杧果皮也有几乎相同的致敏性。

另一点不足是，采摘腰果苹果后须趁新鲜吃掉，因为它极容易腐烂，通常放置一天就变质了，所以无法长途运输，故而国内罕见腰果苹果出售。总体上讲，这是款不逊色于传统水果的果子，在腰果产地，腰果苹果都被直接置于水果摊上售卖，销量十分可观。南美洲人喜欢将腰果苹果制成腰果汁及风味饮料，尤其是巴西人享用"国饮"卡皮利亚（一种鸡尾酒）时，总要加些腰果苹果调调味。印度人则进一步将腰果苹果发扬光大，把腰果汁发酵成腰果酒，这个"咖喱王国"甚至还能把腰果苹果炒成咖喱菜，或酿成醋、蘸酱、果酱等。总之，此"果"吃法五花八门、千奇百怪，只有你想不到的，没有热带民族做不到的。

言归正传。腰果果托之上的肾形"坚果"才是真正含有种子的果实，这种子里便藏着我们熟悉的腰果仁。不过，想吃到腰果仁可不是件容易的事。首先，我们要解决掉一个棘手的家伙——包裹在种子外面的彪悍果皮。这果皮非同寻常，不是你把吃核桃、椰子那套法子搬来就能搞定的。因为它不仅固若金汤、坚不可摧，更要命的是，那平凡无奇的外表之下，潜流着无数滴毒辣的"腰果壳油"。何谓"腰果壳油"？此乃一种天然的树脂，具有高度腐蚀性，触及皮肤将引发皮炎或严重灼伤。因此，腰果核的壳是不容小觑、不可亲近的。

遥想剥壳的机械设备出现之前，人工去除这套毒壳是多么艰辛又危险的事。当时，人们要先把"坚果"晒干，再置于火上烘烤，直至硬壳爆裂，毒辣的腰果壳油所剩无几，才取下来冷却，然后戴着手套取出果仁。即使这样，除壳工人也常常受到残余壳油的毒害，也正因如此，加工好的腰果仁自然成了"贵族"。据说，南美洲多数人热爱腰果苹果远胜于腰果仁，我想可能就是因为从前腰果仁身价高高在上，当地百姓吃不起吧……

植物的伟大发明

现在我们了解了腰果的真实面目及秘密，新问题也接踵而至：腰果为何长成这副模样，为何一方面育出"秀色可餐"的肉质果托，另一方面又于坚果壳中暗藏剧毒？想解答这类问题，最好先从果实的功能入手。

关于果实的功能，你能想到什么？有位资深吃货朋友就曾脱口而

出：果实是用来吃的……嗯，吃只是表象，吃的过程中发生的事情，才是我们要探求的真相。有些野生动物便能够为我们指点迷津，比如蝙蝠和多种飞鸟，它们和巴西人一样，酷爱腰果上甜美爽口的果托，也从祖先血的教训中习得，坚果果皮又硬又毒，是不可触碰的。于是，聪明的小家伙拿到果子后，就把腰果上有毒的"坚果"拔掉，只吃"浆果"部分。被丢弃的坚果当然很高兴，特别是那些被动物带离腰果母体一段距离后才扔掉的坚果，只要土壤条件合适，它们忠诚守护的种子不久便能萌芽生根、茁壮成长，在新环境中开辟属于自己的天地。但某些拥有强悍钩喙的鹦鹉也和我们一样，懂得腰果的精华所在并常常啄食其坚果部分，想必它们的喙是强悍得百毒不侵了。

远距离播种对腰果亲本来说十分重要，相关研究表明，密度较高的腰果林中，种子若多数落在亲本周围直接萌发，容易遭受一系列病菌的攻击杀害，还极可能殃及整个腰果林。所以，母树总想方设法送种子远走高飞。理想状况下，它只牺牲一根特殊的果柄，就成功忽悠了野生动物当它的播种机，带着腰果种子到远方旅行，而且不怕对方"吞货"。可绝大多数时候并没那么顺利，往往腰果果托的牺牲是徒劳的。不管怎样，若不同物种的利益需求相互补充，便容易从对方身上取得利益，甚至有时会依赖彼此的"帮助"，从而和谐相处，长久共存，这样互利互助的交易及关系在自然界是相当盛行的。

综上所述，果实的功能应该是保护和传播种子。为完成这项使命，腰果树不惜调用自身资源"喂肥"花托，将其打造成显眼的美食，引诱馋嘴的动物前来享用，并以毒壳迫使它们扔掉果核，进而达到散布种子的目的。因此，腰果果实的出现，的确是植物智慧的一大升级和整个植物界的巨大进步。

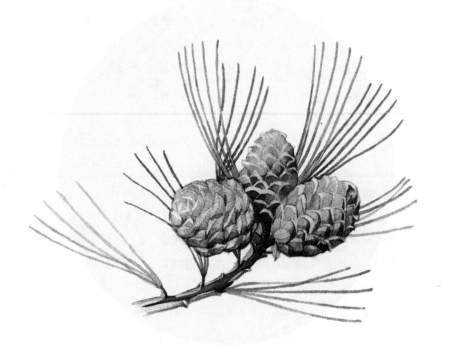

松　子

旧时繁盛今朝落　·　悠悠岁月三年果

这个世界上有一类植物，已存在3亿余年了。漫长的地质岁月中，它们走过著名的侏罗纪时期，见证过恐龙家族的诞生、发展、繁盛、衰落和灭亡，也在这个过程中达到自己家族的鼎盛时期，却没有和恐龙一起消失在地球上。

从暖春到寒冬，从出生到死亡，它们始终以常绿糙皮示人，因为它们不具备开花结实的功能，因此常常遭到人们的忽视。但或者正是因此，它们才能安静地立于寺庙山林、闹市雅居之中，千百年不倒不老，"青春"永驻，又随岁月流逝愈加苍劲厚重，备受骚人隐士的推崇。

而在植物学家的眼中，它们还因发明了一项伟大的"工具"——种子而备受关注，这是植物演化史上的里程碑，是植物生存智慧向前跃进的又一重要产物。

它们到底是谁？

答案是"裸子植物"。裸子植物是一大类植物的统称，因其"无花不结实，种子裸露生长"的突出特性而得名。或许，你只是听说过这个古怪的植物名称，但仅对它们一知半解。不过，没关系，你一定多少见过或碰过这个族群里的若干位著名成员，如雪松、华山松、落叶松、柏树、苏铁、红豆杉、水杉等，还可能吃过它们的种子，如银杏的"白果"和松树的"松子"。没错，坚果界的袖珍型贵族——松子，便是裸子植物体上掉落的宝贝，确切地说，是某种松科松属植物结出的种子。

令人忧心的活化石

现存的裸子植物包括了银杏门、松柏门、苏铁门和买麻藤门4个古老门类。而松科，则是裸子植物松柏门下"人丁"最旺的一个家族，该家族里，又以松属种类最多。实际上，说多并不多，跟能开花结实的20多万种被子植物相比，裸子植物真是少得可怜，全球总共不过947种，我国拥有最丰富的"裸子"资源，也才237种，还不如牡丹的栽培品种多。

造成裸子植物式微的原因除了人类的干扰和破坏外，最主要的还是"裸子"不如"被子"高明，还未创造出真正的花和果，不能适应更多环境类型，也不容易应对随时可能爆发的环境变化。毕竟，裸子植物真的太古老了，有许多子遗物种还获封"活化石"称号，它们同样遵循"适者生存，优胜劣汰"的演化法则，无数次自然选择和更新

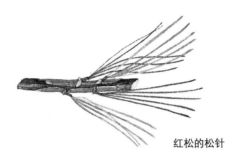

红松的松针

换代后，存活至今日的都是其中的佼佼者。

但眼前，这些辉煌一时的佼佼者在演化路上似乎停滞不前，或蜗行牛步般前进着。无论传粉、受精、播种还是获取营养，它们都稍显落后，面对智高一筹的被子植物及其强势迅猛的扩张攻势，几乎毫无竞争优势可言。所以，裸子植物里有不少物种已被列入了珍稀濒危植物名录，这个历史悠久的植物部落之生存现状和发展前景，着实令人担忧。

松子从哪儿来？

现在，让我们用力剥开松子的坚壳，跟随身小却味美的籽仁，一同前往松柏门中家业最盛的松属世界，一探裸子植物的秘密吧。

松子，顾名思义是松树的种子。人们平日提及的松树，基本来自松科植物。这个家族繁衍至今，只剩230余种，占裸子植物总量的1/4，其中超25%的物种属于松属。我国有100多种松科植物，遍布全国各地，于东北、华北、西北、西南及华南地区高山地带组成辽阔、壮美又独特的森林景观。

早在我国南朝时期就有人懂得享用松子了。梁元帝在《与刘智藏

① 东北红松子　　　　② 巴西松子

书》中提道："松子为餐，蒲根是服。"唐代诗圣杜甫的《秋野·之三》写道："风落收松子，天寒割蜜房。"明朝李时珍也在《本草纲目·木一·松》中描述了松子："松子多海东来，今关右亦有，但细小味薄也。"看来古代吃货的数量和质量丝毫不比当代逊色呀。

我国市面上出售的松子主要来自红松。我国绝大多数红松分布在东北长白山区、吉林山区及小兴安岭以南海拔150～1 800米的棕色森林土地带，那里气候温凉偏寒、空气湿润。原生态的红松子与我们在坚果市场常见的商品形态有点不同，种皮虽然都硬邦邦的，但前者不裂口，硬壳表面覆微毛，后者经过晾晒、人工筛选、开口、炒制等工序，已成为光滑、香脆的"开口松子"了。

自然资源有限的欧洲也产一款松子，产自"意大利松（Pinus pinea）"，其食用历史超过6 000年，当地人常把松仁添加到肉类、果蔬熟食、沙拉或面包、蛋糕中。巴基斯坦、阿富汗等国则出产一种名曰"巴西松子"的可食坚果，但这种坚果的老家根本不在巴西，而是喜马拉雅山区西北部和印度西北部，我国西藏西部扎达海拔约2 700米的山地亦有其踪影，因树皮似白皮松，故名"西藏白皮松"。按理说，这种松树生产的种子应该取名作"西藏松子"，可不知为什

么被叫成了"巴西松子"，要知道，巴西可不曾产过这玩意儿啊。

然而，南美洲有自己独具特色的"松子"，名叫"巴拉那松子"，但它不是松属，甚至不是松科出产的种子，而是结自南洋杉科的巴西南洋杉。此树结的"巴拉那松子"比真正的松子要大十倍，且身姿古怪魁梧，令人赞叹不已。不过，巴西南洋杉的生存状况也非常严峻，由于人为的和自然的种种因素，其野生种群的规模正急剧缩小，已被世界自然保护联盟（IUCN）评估为"极危物种"，这意味着它的境遇比"濒危物种"还要惨。当前，巴西已对这岌岌可危的植物种出台相关保护措施，并开展行动，围封原生林，明令禁止任何人采收和捡拾其种子。希望我们的子子孙孙还能有幸见到古朴的巴西南洋杉。

松树的个性标签

和其他松树一样，红松也是大乔木，树高可达50米。说起松树留给人们的最深印象，不得不提到它们独特的叶型——细、长、韧、尖，似乎终年浓绿，不枯不落，被特称为"针叶"或"松针"，可谓是大部分松科植物的个性标签之一。红松的针叶还喜欢五条成束着生，直且粗硬，深绿色泛着光泽。这般奇异叶型，可减少水分流失、减小受寒面积，帮助松树抵御干旱和寒冷，是松科植物长期应对不良环境而演变出的产物。

球花和球果是松树的另一个性标签。每年6月，红松就进入了"盛花期"——等等，上文不是反复强调，裸子植物不会开花结果吗，身为其中一员的红松又怎有"花期"呢？原来，红松确实无春华秋实之才，但它的枝条上会长出两种性别不同，具有生殖功能的柱状结构，因形状和作用与花相似，人们便把该结构叫作"雄球花"和"雌球花"。

红松的雄球花多个集生于新枝下部，椭圆体形，短短的，才7～10mm长，粉嫩可爱，全身整齐密布"鳞片"，看似寻常，却暗藏玄机，若你手指轻轻一弹，从"鳞片"内便会立刻飘出无数黄色花粉，扑你一个措手不及。雌球花比雄球花大一些，绿褐色，卵状，直立，单生或数个聚生在新枝近顶端，也是浑身布满"鳞片"，但不像雄球花那样"淘气"，它的"鳞片"内壁基部贴生着两胚珠，即种子的前身，换句话说，将来这个部位会长出我们熟悉的松子。

当然，前提必须是胚珠成功受精了。每年晚春，雌球花上原本紧闭的幼嫩"鳞片"会随着球花轴的伸长而略微张开，露出还未成形的柔弱的胚珠并分泌一种黏液，企盼花粉的到来。雄球花借助风力和好运，把自身花粉传送到雌球花的"鳞片"上，黏液顺势黏住和吸入花粉，运到胚珠中等待与卵细胞结合。"鳞片"随后恢复闭合状态，专心造"仁"。可见，裸子植物的种子确实是裸露生长，无任何外物裹护的，而开花植物则会把种子严严实实地包藏于雌蕊和果实内，如同给种子围上一条多功能被子，也正因如此，分类学家把这类拥有真正的花和果的植物称为"被子植物"。

长寿的松树，悠闲的脚步

松树受精育种是个漫长的过程，别看它们春末进行传粉，可受精要到次年夏季才着手操办，接着育胚育种，至秋季成熟。通常松树的

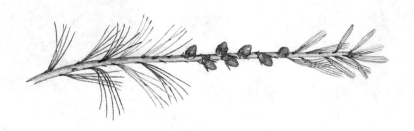

雌球花诞生之初，默默无闻，不引人注意，后随着胚珠发育成种子，所有"鳞片"均木质化成轻巧的"种鳞"，整个雌球花也渐渐壮大、坚强，最后变成醒目、硬实的"球果"，俗称"松塔"。这时种鳞一改昔日警惕的封闭貌，完全向外伸展，露出里面保护已久的灰褐色种子，种子蠢蠢欲动，随时准备乘风飞翔。

若回头算算从雌雄球花到球果再到种子自由脱离母体的完整过程，我们会惊讶地发现，松树至少花了三年时间来做这桩"人生大事"。这些"活化石"，仿佛长寿的乌龟，干起活来悠闲缓慢，做出的成绩却令人赞叹。瞧瞧备受吹捧、香脆可口的松子，不就是红松慢工出细活的佐证吗？

而松子的营养价值都有哪些呢？松子的主要成分仍然是脂肪，大约占总重量的70%，其中不饱和脂肪酸占90%以上。此外，松子还含有14%左右的蛋白质，以及钾、镁、锌之类的微量元素，这些都是人体必需的或对身体有益的养分。

顽固的红松子

一到树叶逐渐发黄的秋季，松科植物的分枝就冒出一颗颗精雕细琢的球果，或直立，或悬垂，与自身依然发绿的叶丛相映成趣。这时秋游的人会越来越多地注意到"青春常驻"的裸子植物，因为有些松树的塔状球果实在精致漂亮，往往引来游客驻足观赏或弯腰挑拣。

一般松塔成熟后，种子将松动、脱离，迎风飞向远方。若你打算去捡熟透落地的球果，记得揪出残留的种子玩一玩。但别期待能够收获一顿美食，因为躺在地上的大部分松塔，里面早已空空荡荡了，只有内壁上印着一对种子生活过的痕迹。但总有一些不幸儿仍被困于其中，我们可以抠出完整的种子。此时你会发现，松子的飞翔也是件很有意思的事。原来这些种子都贴身长着又轻又薄的翅膀，只要我们使劲往上扔，松子们便立马旋转起来，好像启动了的螺旋桨，从高处划出一道曲线，缓缓飘至远处。我们可以想象，从几十米高的松树上散落的种子，能够乘风走到多么远的地方安家。

不过，红松的球果很顽固，成熟后种鳞仍旧不张开，或稍微开口露出种子，却不让种子松脱。与上述插翅飞翔的松子不同，红松子并没长出翅状附属物，无法随风远去。暗紫褐色的红松子比普通松子大一些，置身于种鳞内侧凹槽中，静静等着勤快觅食的小动物们，譬如手脚灵活、门牙锐利的小松鼠来带自己离开母体。

说了这么多，相信你也能看得出，不管落到地上还是高居枝头，松子的采收都不是易事。松子产区便流传着一句顺口溜："十斤松塔一斤籽，十斤汗水一颗塔。"红松子虽不易脱离种鳞，但为保证质和量，农民总是趁着松果还稳居在十几到几十米高的冠层时，便爬树采摘，其过程之艰辛和危险可想而知。而这也足以说明每粒小松子的金贵。

夏 威 夷 果

取 名 溯 源 也 是 事 · 空 手 无 喙 咬 磐 石

老实说，接触夏威夷果后的很长一段时间里，我都以为夏威夷果的老家是盛产阳光、海风、黑色素及比基尼美女的夏威夷。其实不是，委屈的澳大利亚政府近年来反复向世界澄清一个事实：夏威夷果是澳大利亚土生土长的宝贝！的确，澳大利亚自产的可食用植物种类少得可怜，夏威夷果是好不容易走出家门的品种，却被冠以"夏威夷"这地名，难怪澳大利亚人要着急了。

夏威夷果的前世今生

很久很久以前，欧洲探险者偶然撞见澳大利亚这块神奇的大陆，在征服东部原住民族的过程中，发现此处的原住民对当地热带雨林里一种含油量很高的坚果有着特殊的喜爱。这种坚果十分美味，但难以大量采集，当地人通常在部落宴会上才吃得到。他们还榨取果油，与赭石、黏土混合均匀后，涂抹于脸和身上，绘出具有象征意义的符号或图案。这种原始的人体彩绘，是原住民对神灵表达敬畏、维系身份、铭记部落梦想的一种方式。但在那时，欧洲探险者只顾着扩张土地，还不曾认真探究过这种坚果的价值。

忙完了领土扩张"正经"事儿的欧洲人终于开始要探索新大陆的植物了，他们在1828年发现了一种澳洲植物，但直到1858年才正式赋予专业名称——粗壳澳洲坚果（Macadamia ternifolia）。但此时被命名的粗壳澳洲坚果并不是原住民所吃的夏威夷果，它只是夏威夷果的一个姐妹种。与夏威夷果相反，粗壳澳洲坚果心藏毒素，其种子会产生对人体有害的氰化物（能致人死亡），具苦杏仁味，肉少，生吃有毒，没有经过商业化推广和售卖，故基本不见于市面。不过澳大利亚原住民懂得通过长时间的浸泡、过滤来去除毒性，所以也会采食粗壳澳洲坚果。

而真正发现夏威夷果的过程则是个惊险又有趣的故事。澳大利亚的布里斯班植物园收集了很多坚果，其中既有有毒的粗壳澳洲坚果，又有美味的夏威夷果，但在当时，人们尚认为这种坚果有毒，不曾动过一丝要尝尝的念头。园里有位参与过鉴定粗壳澳洲坚果的主管沃尔特·希尔（Walter Hill），为了帮助坚果发芽，便让一位年轻的同事砸开果壳，结果领受任务的小伙子"顺便"尝了一些果仁，意外发现它们竟是如此美味！

希尔听闻，惊吓之余又备感疑惑，这些果子明明是有毒的啊？！可过了几天小伙子仍旧安然无恙，而且兴奋地宣告，夏威夷果是他吃过的最美味的坚果！原来，希尔最初发现的是对人体有害的粗壳澳洲坚果，而让同事砸开的是另一种可食的澳洲坚果，即夏威夷果，因为粗壳澳洲坚果与夏威夷果外形太相似了，当时的人们一直以为两者是同一种植物。这便是第一桩有关人类品尝夏威夷果的历史记录。这一年，希尔栽下了园内第一株令原住民和欧洲人都垂涎三尺的夏威夷果树。在澳大利亚布里斯班植物园，人们至今还能见到那株元老级的果树仍在开花、结果。

时光荏苒，19世纪80年代早期，澳洲土地上出现了第一家商业化生产澳洲坚果的果园，并蓬勃发展，还首次出口到了夏威夷。此后，澳洲坚果以其卓越的美味迅速征服了这个群岛上的居民，不到半个世纪的时间便在夏威夷岛上遍地开花，成为当地著名的经济作物和重要食材。从此，澳洲坚果的"明星事业"一发不可收拾，还同时收获一个"艺名"——夏威夷果。现在，澳大利亚和夏威夷仍然是夏威夷果的两大主要产地。你瞧最权威的中文植物分类学工具书——《中国植物志》，也把"夏威夷果"明确叫作"澳洲坚果"，只是商家和吃货们取了"夏威夷果"这个颇具误导性的中文俗名。

从娇柔的花到坚实的果

目前真正继承了"澳洲坚果"姓氏的只有四个"泾渭分明"的姐妹种，主要分布在新南威尔士州东北部和昆士兰州中部及东南部。其中，唯有夏威夷果和四叶澳洲坚果的种子可生食，深受吃货们青睐，且二者之间也容易杂交，已被广泛栽培与加工，在我国云南、广西、广东、台湾等省区均有种植。

澳洲坚果家的孩子们基本是大灌木或中等乔木，叶大、革质、光滑。相比之下，花很小，却充满智慧。它们常常两朵小花相互依偎，

携手成长，多对这样的双生花按一定规律长在一根不分叉的花轴上，花柄大致等长，开花顺序由下而上，形成一款植物界最普遍的花序类型——总状花序。我们常见的紫藤、荠菜、油菜等诸多草木，也都具备该款花序类型。这样有什么好处呢？所谓"人多力量大"，花亦明白这个道理，单朵小花不起眼，缺乏存在感，但上百朵（100～300朵）集成花序就很醒目了，在层层绿叶衬托下，一串串浅色雅致、芬芳怡人的花序从叶腋处伸出，悬挂于树冠迎风招展，引来无数蜂蝶为自己传粉做媒。

此外，小花两性，即一朵花中雌雄蕊均具繁殖功能。当昆虫前来探蜜，无意间为雌蕊柱头授上同种异株的花粉后，子房开始受精、育胚，同时秀丽的小花也发生显著变化，为果实的到来做准备工作。

首先是柔嫩的花瓣、雄蕊和雌蕊的上半部陆续萎蔫、脱落；接着受精后的子房迅速"增肥"，子房的各个组成部分开始华丽丽地变身：子房壁变成绿色硬革质的果皮（成熟时将沿一侧开裂）；子房内部受精的地方周围，有几层细胞变成坚硬褐色的种皮；受精卵一边呈指数型分裂、增多，一边分化、特化，最后形成新生命体的雏形——胚；同时受精卵附近的一种特殊细胞也迅速分裂、分化，形成贮藏营养物质的胚乳。种皮包裹胚和胚乳，构成种子，种子又被果皮包护，最终长成了今日"脍炙人口"的夏威夷果。通常我们买到手的夏威夷果是已被去除果皮，只剩咖啡色种子的商品。所以确切地说，我们吃的是"夏威夷种子"。

一句话，别看夏威夷果的花小巧文弱，一旦它们脱胎换骨、修炼得道，就成为坚不可摧、外刚内嫩的坚果了。

假如没有神器……

众所周知，夏威夷果的食用精华是其香滑酥脆的奶白色果仁。与其他常见可食的种子型坚果，如杏仁、腰果、大板瓜子相比，夏威夷果种子的脂肪含量要高很多，而且多为不饱和脂肪酸，蛋白质含量则较低，是非常健康的零食品类。

话说第一次见到夏威夷果，是五年前一位华南的朋友送来的几颗，但他忘记教我该怎么吃。我拿起小圆果，左看看、右瞧瞧，那滑溜溜的硬壳上只有一道规则的小裂缝，凑近闻闻，还透着一股奶油香，促使我的唾液腺大量分泌口水。可这玩意儿怎么吃啊，又小又滑又硬的，"手掰法"和"门夹、椅砸法"全部失效——美食当前，我的脑细胞立刻指挥我直接放进嘴里使劲儿咬！

结果可想而知，咬了半天也没能战胜那硬如顽石的种皮，还险些把整粒小圆果吞下喉咙。过了几日碰到那送果子的朋友，我立马绘声绘色地描述我滑稽又失败的"咬果"经历，逗得他合不拢嘴，并连忙补上一个奇怪的专业小工具——椭圆形、一侧中间狭波状上凸的铁质平面"开壳器"。把开壳器凸出的那端插进夏威夷果种皮上的裂缝，

轻轻一转，硬壳立刻裂成两瓣，露出里面奶香奶色的种仁，看得我都醉了。在神器的帮助下，剥除此果的硬壳就变得易如反掌了，而首次品尝夏威夷果的我倒没产生多少味觉方面的深刻印象，光顾着膜拜这专为吃夏威夷果而诞生的神器了！后来我发现大多数袋装销售的夏威夷果和其他有着坚硬外壳的坚果都会配备这种神奇的开壳器。对吃货来说，这是多么伟大的发明啊……

需要注意的是，夏威夷果虽然善待大脑，对狗狗却有毒害作用，狗摄食后12小时内，可能有虚弱、后肢瘫软、无力站立等症状表现。爱狗人士可要记住，千万别让你心爱的狗与心爱的夏威夷果进行亲密接触啊！

造物主的宠儿

夏威夷果的种皮硬如铜墙铁壁，自保措施可谓固若金汤，貌似地球上除了借助神器的人类外，再无其他动物能够侵犯得了它吧。那么问题来了：自然界中，夏威夷果该如何散播种子、扩张家业呢？

大自然深谙万物相生相克之道，既然造出这极品果仁，就绝不会忘了捏个"馋嘴精灵"来享用它，当然，造物主还要赐予这动物绝技，以对付夏威夷果的顽固种皮。呵，究竟是谁这么受宠呢？原来是自带"坚果钳"的大型鹦鹉。例如，有一种"紫蓝金刚鹦鹉"，它全身披覆蓝色羽毛、尾巴修长、嘴巴超大，主要生活在南美洲中部和东部，其身材高大，从头顶到尾尖长可达1米，是具有飞行能力的最大的鹦鹉。

一见到这家伙的照片，我就相信它的确是造物主派来降服夏威夷果的——瞧它那大得吓人的钩喙造型，尖锐强劲、威武霸气，别说夏威夷果的种子了，恐怕连人它都敢欺负。生物进化论的奠基者、英国博物学家达尔文亦曾惊叹于紫蓝金刚鹦鹉的绝世容貌与无敌大嘴，对它能以坚果为食的本事佩服不已。

可惜，美好的事物总容易受伤。由于生态环境破坏严重、违法的捕猎和宠物贸易活动日渐猖獗，这种鹦鹉的野外种群数量急剧减少，现在已被列入国际自然保护联盟的濒危物种红色名单了。

关于年夜饭的食俗，

大江南北、关内塞外大不相同。

但春节时妈妈准备的那一大盘子坚果，

恐怕是家家户户都会有的记忆：

葵花子、花生、榛子、西瓜子、莲子……

年

节

葵　花　子

人 人 爱 她 习 向 阳　·　多 少 秘 密 藏 花 盘

漫画家丰子恺先生曾经写过一篇跟吃有关的散文："从前听人说：中国人人人具有三种博士的资格：拿筷子博士、吹煤头纸博士、吃瓜子博士……但我以为这三种技术中最进步最发达的，要算吃瓜子……发明吃瓜子的人，真是一个了不起的天才！这是一种最有效的'消闲'法，因为它：一、吃不厌；二、吃不饱；三、要剥壳……具足以上三个利于消磨时间的条件。在世间一切食品之中，想来想往，只有瓜子……"

丰先生还说："我必须注意选择，选那较大、较厚，而形状平整的瓜子……若用力不得其法，两瓣瓜子壳和瓜仁叠在一起而折断了，吐出来的时候我就担忧。那瓜子已纵断为两半，两半瓣的瓜仁紧紧地装塞在两半瓣的瓜子壳中……"根据这段描述，我猜他嗑的应该是或黑或红、壳滑光亮、形宽平整的西瓜子，而我们通常吃的"瓜子"应是葵花子。

人见人爱的向日葵

距今5 000多年前，北美洲东南部已有人栽种向日葵。许多美洲原住民族都把形似太阳又面朝天际的向日葵当作太阳神的化身，加以膜拜。16世纪早期，西班牙探险家和殖民者对这种高大、绚烂的美洲本土菊花一见钟情，并把它带到了欧洲。近两百年后，向日葵走到了俄罗斯，由它榨出的葵花子油深受当地百姓的青睐。据闻，东正教教徒过斋月时，葵花子油是少数可被允许食用的油料之一。

然而，对于中华大地，向日葵却是姗姗来迟。有关史料记载，直到明朝中晚期，我国沿海地区才出现向日葵的足迹，之后则以大规模种植的方式迅速扩居内陆地区。今天，我国内蒙古、吉林、辽宁、黑龙江、山西等北方省区，已是向日葵的主产地。从2012年世界粮食与农业组织对向日葵生产总量的统计数据可知，乌克兰、俄罗斯、阿根廷依次名列前三，中国则紧追其后，排名第四。

与大多数食用坚果一样，葵花子也富含对人体有益的不饱和脂肪酸、维生素E及钾元素。除了我们熟悉的嗑瓜子，制作甜点、面包、蛋糕或各式菜品时撒些种仁等吃法外，这款富含脂肪的小果实还是世界四大油料作物之一，从中榨取的物美价廉的葵花子油与普通食用油一样，早已俘获大厨们的心，另外还被加工成人造奶油。

瓜子情结与"嗑文化"

葵花子的美味，炎黄子孙人尽皆知，面对这一成功的休闲食品，几乎没有吃货可以抵挡得住瓜子与生俱来的神奇魅力——不管你有无

食欲、爱不爱吃，瓜子都会诱使你吃了第一颗，就想吃第二颗、第三颗……及至最后一颗。

但多数人，包括笔者自己的亲身经历都表明，大部分外国人是不会嗑瓜子的，确切地说，他们的饮食字典里就没"嗑"这门高端技法。有次和欧美学生一块上课，课间休息时我掏出葵花子来解馋，旁边一位操着地道英式英语的小伙子见了很好奇，问这是不是向日葵果实，我边点头，边抓了一把给他尝尝，接着悲剧发生了——他不知要怎么对付葵花子的硬壳，先是惊讶地看我不费吹灰之力把果壳嗑掉，吃进种仁，再自己拿起一粒瓜子学我的模样，结果未到嘴边，葵花子就从手上滑落了。他不甘心，继续尝试，起初不是用力过度咬碎了，就是咬偏了位置壳塌了，要么是瓜子在他齿间打滑溜进了嘴里，总之，一番折腾后，那位满头金发的小伙子终于成功嗑开了葵花子壳（其实是先嗑道裂缝，再用手掰开），可惜，他一时兴奋手一抖，美味的种仁连声招呼都没打就落地了……

后来借着嗑瓜子闲聊中，我才知道欧洲国家卖的葵花子根本用不着他们自己动嘴去壳，因为他们买到的多是袋装封存的"赤裸裸"的无壳种仁！早听说欧美人的饮食模式很懒，但没想到懒到这种地

步……我惊讶之余，也觉得遗憾。那些不懂"嗑"瓜子的民族，是无法体会华夏民族的瓜子情结与"嗑文化"的。

《红楼梦》第八回里有句描写："黛玉和宝玉在梨香院作客，黛玉嗑着瓜子儿，只管抿着嘴笑。"一嗑一抿一笑，立刻勾勒出一个中国古典女子的柔媚形象。丰子恺先生亦在《吃瓜子》中写道："女人们、小姐们的咬瓜子，态度尤加来得美妙：她们用兰花似的手指摘住瓜子的圆端，把瓜子垂直地塞在门牙中间，而用门牙往咬它的尖端。'的，的'两响，两瓣壳的尖头便向左右绽裂。然后那手灵敏地转个方向，同时头也帮着了微微地一侧，使瓜子水平地放在门牙口，用上下两门牙把两瓣壳分别拨开，咬住了瓜子肉的尖端而抽它出来吃。这吃法不但'的，的'的声音清脆可听，那手和头的转侧的姿势窈窕得很，有些儿妩媚动人。连丢去的瓜子壳样子也模样姣好，有如朵朵兰花。由此看来，咬瓜子是中国少爷们的专长，而尤其是中国小姐、太太们的拿手戏。"

可见，若把瓜子嗑得炉火纯青，也能成为一项行为艺术。如今，中国吃货已热情地将葵花子连壳带"嗑"地输送到食品卫生标准非常高的欧洲和北美了。据说，美国不少棒球手已放弃咀嚼烟草，而选择吃瓜子。可我怀疑，他们或许是把葵花子当成烟草来"咀嚼"的……

是果实还是种子？

葵花子与西瓜子有何不同呢？相信见过它俩的人都会说，区别可大哩！单是外貌就相差甚远，葵花子一般头尖，屁股肥，体态较厚实，两瓣壳中部有细肋，稍向外鼓，表面微糙无光泽，黑白条纹或土黄色。再从植物学角度讲，葵花子和西瓜子更是风马牛不相及，前者是果实，为菊科向日葵属一员；后者是种子，脱胎于葫芦科的瓠果。这样说来，葵花子更确切的叫法应该是"葵花实"了。

顾名思义，结出葵花子的当然是葵花了，它有个更广为人知、更正式的中文名叫"向日葵"，因其苗期幼株顶端和幼嫩花盘会随太阳移动而明显转动，而得此雅称。这是种一年生高大草本植物，茎干直立、粗壮、被白色粗硬毛。叶片阔大，两面有短糙毛，叶柄长。茎干上端顶着一个圆饼状的大花盘，直径约10～30厘米，常因花太重而下倾。

若你有机会见到刚采摘不久、未被处理加工的向日葵"花盘"，就能发现最受吃货们追捧的葵花子是一粒粒"插"在大花盘里的。现吃这种"生"瓜子，是件好玩的事：一手抓着花柄托住花盘，一手揪起新鲜的葵花子递进嘴里，果壳质感稍软，味道微甜，虽没有加工过的炒香味，却独具天然清香，还有机会发挥想象，在花盘上吃出三条弧线，构成一张"笑脸"……

向日葵向阳的美丽秘密

向日葵能成为闻名天下的大型菊花，要感激凡·高——凡·高画笔下的《向日葵》充满生命的张力，亦因向日葵"追日转头"的习性让人们联想多多。民间一直盛传，向日葵"迷恋"阳光，一生追随太阳的方向转动花盘，人们还为它编造了五花八门或凄美、或浪漫、或血腥的神话故事，来歌颂向日葵的执着和勇敢。

　　实际上，只有未成熟的花蕾在层层绿叶（实为苞片）的保护下，才会在白天表现出"向阳行为"，成熟时绽放的大花头一天到晚只会维持一个固定的仰望姿势，通常是面朝东方，而不管太阳走去哪儿。目前，对此比较靠谱的解释是，向日葵从花芽到花苞盛开的前期，花骨朵及附近枝叶会跟着太阳东升西落的移动而做出"滞后性"摆动，并非紧随着太阳的移动调整方位，这种向阳行为是由一类叫"生长素"的植物激素引起的。

　　生长素可促进植物细胞分裂、生长、伸长，其浓度与植物体的局部运动有显著关系，在一定范围内，生长素浓度越高，细胞生长越快，所以植物体内生长素的分布不均会影响不同部位组织的生长速度，进而出现局部运动，如向日葵"转头"。

　　花芽花蕾期的花柄还在长身体，在单向光照刺激下，其向阳一侧细胞组织的生长素有所分解、浓度下降，而背阳一侧有所合成、浓度增加，并且生长素能从向光侧跑向背光侧，导致幼柄的背阳面比向阳面长得快且长，使得背阳面"压"弯了向阳面，便会出现花柄举着花骨朵斜向太阳的现象。这有助于苞片和绿叶吸收光能进行光合作用，为嗷嗷待哺的花骨朵及时提供充足养分。

太阳下山后，向日葵苗还缓缓侧身朝向西方的落日，待夜幕笼罩大地，光照对植物体内生长素分布的影响消失殆尽，另一个始终存在的作用因子随之升级为主角，那就是重力。慢慢地，花柄背地一侧组织的生长素会被重力拉到向地一侧，致使幼柄"向地面"细胞生长速度加快，"背地面"则放缓生长脚步，结果幼柄朝背地一侧逐渐挺立，并长高一些。

次日黎明，花柄响应晨曦的召唤，又逐渐向东倾斜迎接朝阳，托举花蕾开启了新一轮的"追日"行动。随着花苞渐次开放，花柄和花盘趋于成熟，花柄里的生长素便越来越少，身子骨却越来越强壮，以至于花柄无法像昔日那样来回摆动追求光源了，而最终站成一个眺望东方的固定花姿。

"年幼纯真"的向日葵，就这样在阳光的指引下，在茎干不同侧面交替生长的过程中，一步步茁壮成长，直至开花结实。所以，撑开苞叶、绽放笑脸的花盘是不能明显"转头"追随太阳脚步的。在阴云密布的天气里，可能会看见向日葵"垂头丧气"地耷拉着花盘，很容易让人以为是没阳光了，它才低下头。我想，这很可能仅仅是因为这一株葵花头太重了，就算太阳出来了，恐怕它也抬不起头来……

雾里看花被花欺

由古老的神话故事可推断，自从人们认识向日葵，就一直误解它"追日转头"是终生习性，当然也有人提出质疑。1579年，英国一位著名的植物学家约翰·杰勒德（John Gerard）便跳出来说，他并没从自家草药园里种的向日葵身上，观察到人们传言的追随太阳转动花盘的现象，尽管他一直尽力寻查，希望看到"真相"。

我们常常雾里看花、水中望月，不留心观察，就容易听信小道消息。但纵使拨开迷雾近看花，也未必认得清楚向日葵。事实上，菊科家族的花姑娘们已经成功骗过不少人，例如我们最常见的野草蒲公英，那圆形规整的小黄花，总让人以为是"一朵花"，真的吗？答案自然是否定的。包括向日葵、蒲公英在内的所有菊科植物之花，看似"一朵"，其实是由无数朵小花聚集长在一根花梗顶端形成的花序，名曰"头状花序"。这种花序在植物界相当有名气，因为拥有头状花序的菊科家族特别特别庞大，至今学界都没能确切统计这个家族到底有多少种。它们遍布地球各地，适应和繁衍能力极强，几乎随处可见踪影。

然而，这个数量上无与伦比的大家族在"花花世界"中却比较年轻，已知的化石证据表明，菊花和现代许多哺乳类动物的始祖差不多在同一地质时期出现，如此短暂的发展历史，竟取得辉煌的"种数"成绩，这很大程度上要归功于其精妙独特的头状花序及其果实。

葵花子的旅行

葵花子并不是种子，而是一款叫"瘦果"的果实。瘦果的特点是：型小，果皮坚硬不开裂，内含一枚种子，成熟时果皮与种皮极易分离，所以我们能够轻松地嗑掉"葵花实"硬而不坚的外壳，吃到里面名实相副的葵花子。

与头顶一束柔软洁白之毛的蒲公英瘦果不同，向日葵果子上没有类似降落伞的装备帮助它借风飘扬，到远方扎根。那它该如何传播稳

稳插在花盘上的瘦果呢？别担心，鸟、啮齿动物、风、水以及人，都是葵花子的运输使者。野外，许多鸟儿（如美国金翅）很喜欢也有能耐啄食向日葵的瘦果，你想，正常生长的向日葵一般比成人还高，又喜欢开阔、阳光充足的环境，果子还长得瘦小、密集，大自然里除了飞得高且具尖喙的鸟儿，还有几种动物能轻松享受可口的葵花子？所以飞鸟在攫啄或携带果实之时，顺便帮向日葵散播种子了。

当然，可爱的长有两对门牙的啮齿类动物，如松鼠、老鼠等，也懂得啃啮小小的葵花子，重要的是它们有储藏食物的好习惯，常把葵花子运到远离母株的地洞里存放着，这对向日葵来说是多棒的天然播种机啊。

若无野生动物帮忙，风路和水路也是不错的选择。成熟的葵花子掉落地上，或被风送至远方，或被扬起的尘土覆盖，或被雨水冲走，或直接插进泥泞的土壤里就地生根。反正，数不胜数的向日葵果实中，总有一些幸运儿能够顺利到达可以安身立命的场所，然后生根发芽、开枝散叶。

花　　　　　生

花落藏子遍地开　·　低调处世是奇才

　　我至今仍记得小学语文课本上的一篇文章《落花生》，作者为中国近代文学家许地山先生。原文中有一段大致如下——父亲说："花生的好处很多，有一样最可贵：它的果实埋在地里，不像桃子、石榴、苹果那样，把鲜红嫩绿的果实高高地挂在枝头上，使人一见就生爱慕之心。你们看它矮矮地长在地上，等到成熟了，也不能立刻分辨出来它有没有果实，必须挖起来才知道……所以你们要像花生一样，它虽然不好看，可是很有用。"如此简洁通俗的语言，却传递了精辟的思想与情感，同时也道出了花生的"自然本性"。

没错，花生来自多产的"豆家族"！

　　许地山先生题名"落花生"，文中讲的是"花生"，实际上都指同一物，即老少皆知、男女爱吃的一种豆科植物。豆科是个国际性超级大家族，足迹遍布全球各地。这一科盛产食用植物，如大豆、蚕豆、豌豆、绿豆、四季豆、扁豆等；盛产药用植物，如决明子、甘草、黄芪、苦参等；更盛产园林绿化植物，如国槐、刺槐、含羞草、合欢草、紫藤等，是人类食品中淀粉和蛋白质的重要来源之一。

"豆家族"成员众多，数量仅次于菊花和兰花而位列"花花世界"第三，加上其形态变化多端、生境千差万别，分类学家对豆科植物一直是爱恨交织、欲罢不能。尽管"豆家族"子孙多姿多彩、千态万状，却共同继承了祖先的一个独特性状——荚果。何谓荚果？只要观察下我们熟悉的花生就知道了。

花生，不管你见到的是"熟"还是"生"，是鲜果还是加工成品，只要硬壳还在，"花生豆"便可充当典范，展示荚果的基本面目：一个完整的花生，通常长椭圆形，表面有凹凸不平的网脉，成熟时不裂，但我们吃的时候，只要对着脆而不坚的花生壳两侧的接缝轻轻一按，即刻裂开，露出里边一列果仁。像这样果熟时果腔内生着一列种子，果皮干燥、不裂或自行沿着两侧接缝同时开裂的果实，就叫作荚果。

沉默是金，低调是才

诚如许地山先生所言，花生天性十分低调，还未出生就被母株埋进地里默默生长，直至成熟才破土露脸，长成新株。不仅坚果界，在整个植物界，花生这一癖好也够异常的了。稍微想想，便觉得不对劲——花生为何这么做？我们知道，果实最重要的功能是保护和传播种子，但花生壳这么"脆弱"，一捏就碎，种皮又形同虚设，好像种子生来就等着被吃似的？而且果皮和种皮均无特异功能或花哨造型，

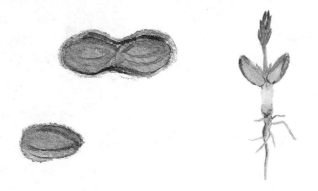

又藏身土中，丝毫不受瞩目，花生该怎么传播种子？

　　采收过花生的人知道，拔花生秧是个力气活，也是充满惊喜与成就感的趣味活，因为花果实隐居地下，我们不知道某一株花生结子情况如何，是多是少、是肥是瘦，成熟季拔起的每一株花生，总能带给人因未知而带来的快乐。起初见到花生田的地上部分——鲜翠欲滴、柔软摇曳的叶丛，还以为花生好欺负，我们只须使出捏花生壳的力气便能揪出"地下宝贝"。岂知，花生弱不禁风的外表下，竟掖着一颗顽强不屈的小心脏，非得逼我们使出吃奶的劲才请得动灰头土脸的豆豆们。

　　花生是蔓性植物，具有柔长强韧的匍匐茎，喜欢沿着地面四处走动，茎上有许多节，节处能生根、发芽，长成新株，也能开花结实，于是花生主茎走到哪儿，它的克隆体和荚果就长到哪儿。换句话说，花生主茎一边游荡，一边自我复制躯体，一边生育后代。所以，我们抓住的是一两株花生秧，拔起来的却是若干倍数量的克隆植株群，每个母株克隆体都扎根大地，每处茎节都挂着不愿见天日的小荚果，所以一株小小的花生秧"领地"却很大，想把它们连根拔起也自然要费上很大力气了。

　　花生是一年生植物，即寿命最长不过一岁。结实后，母株会衰老死亡，可它随处蔓延的主茎早已把种子成功送到远离母株的地方生长了。为了方便种子萌发，及时破壳成长，果皮自然不能过硬、过厚。土壤是陆生植物种子成长的温床，花生早在下一代雏体成型前，就将果实送至这温床中享受土壤的滋养和庇护了。当然，会有土壤动物与微生物前来捣乱、破坏，但对年年丰产的花生家族来说，这点儿损失算不了什么。因此，花生根本不必多费心机，去妆饰果壳或种皮，以引诱动物帮忙布种。这便是花生的播种技巧——自己当子代的播种机，还利用土壤当种子的保姆与保镖，省时省力省资本。

　　不单如此，这货还将"自力更生"的精神贯彻得淋漓尽致——花朵也是能自己给自己传粉的！仔细观察花生的小黄花，你会发现有三枚花瓣精巧、紧密地包住雌雄蕊，丝毫不给外界窥探的机会。它们闭花授粉、埋头播种、自产自销、自娱自乐，将低调与踏实之风格发挥到极致，年复一年、悄无声息地扩占地盘、繁衍种族。既然无"哗众取宠"的需要，花生便不会在"体面"上多费一分工夫，而是把大部分资源投资到"有用的地方"，如胚的构建和产量。此等高明的生存智慧，教人不得不对花生的智商竖起大拇指。

　　此外，花生的独门绝技"地下结实"也是坚果界的一大传奇。花生之花自助受粉、受精后，合拢起来的花瓣里便开始酝酿惊天动地的变身计划：先是花瓣萎蔫、雌蕊下半身逐渐延长，再下弯成强劲有力的柄，硬把尚未膨大的子房插入土中，同时从身体各处调动养分输送到子房育胚，并把大部分营养物质存进胚的子叶中，以供后续胚体发育之用，最后子房变成荚果，荚果里便藏着我们喜爱的花生仁啦。

闪闪发光的"金子"

花生喜欢气候温暖、雨量适中的地方，偏爱沙质土壤，现今广泛分布世界各地。自2006年起，我国一直占据全球花生产量的榜首，2013年更是达到全球花生总产量的42.6%，远远超过第二名（占总产量14.2%的印度）和第三名（占7.5%的尼日利亚）。

我国虽然盛产花生，但不是花生的原产地。这一点，曾经引起多位中外植物学家及考古学家的热烈争论，一些充满爱国热情的学者想方设法试图找到化石来证明"花生的原产地是中国！"可惜各种证据表明，花生真不是中华大地原创的物种，而是南美洲的来客。这结论是惊天地、泣鬼神的，因为探讨过程相当激烈，各派专家对簿公堂，拼命搜寻证据，只为说明花生的老家在哪里，频繁互动间也积攒了学术武林的几多"爱恨情仇"，由此形成一段关于花生何去何从的长篇故事。故事精编版是这样的：

1958年，考古学家在浙江原始社会遗址中首次挖掘得到两粒完全炭化的"花生种子"，距今约4 700年。两年后，江西原始社会遗址也出土了4粒完全炭化的"花生种子"，距今约2 800年。之后，广西、陕西等地陆续发现更多花生化石，直接把花生的生日推到10万年前。

因此这堆零散分布、残缺不堪的化石证据一下子把花生祖籍从原本举世公认的南美洲搬到了中国，引起国内外专业人士的高度关注，尤其是我国学者，兴奋之情溢于言表，同时又难以置信。因为当时大多数人认为，中国最早记录花生的文献为明代《常熟县志》或《仙居县志》，距今不过四五百年，一些专家便公开质疑：为何此前漫漫几千年的历史中，竟然没有其他涉及花生的记载？花生的食用价值不言而喻，这么重要的经济作物，竟不与五谷杂粮同期载入史册，着实令人百思不得其解。

于是，专家们"八仙过海，各显神通"，开始联手琢磨化石的可靠性和古籍里一切跟花生相关的记录。结果得出两个重大发现：（1）除了江西早已炭化的植物籽粒化石外，其他遗迹出土的所谓"花生种子"均存在重大疑问，特别是广西"化石"，闹了个乌龙事件，作者发表后不久就自己推翻了结论，说是苦心钻研许久的"花生化石"其实是陶制工艺品；（2）从古书上搜出来的一箩筐花生之古代称呼，如千岁子、香芋、清脆等，真真假假，古书记载的许多性状描述与今日的花生模样亦有出入。换句话讲，"中国原产地"说法还未被进一步证实，中国人就又陷入新一轮是非漩涡当中了——花生啥时候进入中国的？好了，让我们跳过中间几十年的恩怨纠纷，直接来到当代寻求答案吧。

2014年4月，国际学术权威宣布，已成功测得花生的全部遗传信息，换个稍显过时又玄乎的词汇讲，就是花生的所有基因密码都被人类破解了。然后权威发现，原来花生是个杂交种，体内一半基因来自一种热带常见的栽培植物蔓花生，另一半来自落花生属一个默默无名的成员。由于这两位祖先种都诞生在南美洲的玻利维亚和巴拉圭等地，其交配来的"后代"花生自然也是南美洲的种了。

南美洲的花生栽培历史长达5 000余年，当地人不仅食用花生，还把花生的形象刻画于陶器上，这表明花生在产地文化生活中占有重要地位。之后漫长的岁月间，花生慢悠悠地走到墨西哥，在哥伦布发现新大陆前，花生都未曾走出美洲见见世面。真可惜了这位"仁才"，浑身是宝，却长久不为外界所知。不过，花生的光芒终于照到前来探险的西班牙人身上。当一款闪闪发光的天然宝物遇见一帮顶着生意脑袋的欧洲人时，大自然便再也无法阻挡这个物种在全球遍地开花的迅猛脚步了。花生先跟着西班牙人回国，然后到非洲开拓家业，再辗转到亚洲发展，直至明代初期，才经东南亚进入中华大地，并与这里的人文地理情投意合，从此一发不可收拾。可见，炎黄子孙邂逅花生，真的是很久以后了。

花生多才多艺，其植株可以肥田，果壳可加工成饲料和人工木板，种子富含不饱和脂肪酸和维生素E，用其榨出的油名扬天下，还可制花生酱、生食或烹饪，无论达官贵族还是平民百姓，人见人爱。值得注意的是，存放太久的花生容易长出黄曲霉素菌，该真菌制造的黄曲霉素会诱发癌症，因此最好不要食用存放过久的花生。

榛　　　　　子

百 变 坚 果 中 西 味 · 跨 洋 结 合 成 宝 贝

　　有些坚果生而高贵，比如松子和腰果，本来就不高的产量，加上诱人的香脆口感，简直就是餐桌上的天生尤物；有些坚果则朴实无华，比如花生和核桃，完全可以大把大把地塞进嘴里，不必太为钱包操心；而有的坚果则神神秘秘，你永远不知道下一次碰到它们是什么时候，即便碰到了，那四不像的样子，又让人不能立辨真身——榛子就是这样的一种特别的坚果。

　　很多人第一次知道榛子，恐怕是在巧克力或者蛋糕里面，近年来兴起的"榛仁旋风"让我们熟悉了这种坚果，但是恐怕碰上真正的榛子树却未必能立马认出。

　　榛子乍看起来像栗子，细看又如橡子，真正咬下去才发现原来是榛子，因为它们的厚壳就像松子，等真正把果仁嚼在嘴里，又有种杏仁的感觉。这就是榛子，把"百变坚果"的名号封给它，真不为过。而且，不同的榛子品种模样也有很大差别，体型有大有小，果壳有厚

① 平榛的叶子   ② 毛榛的叶子

有薄。这是怎么回事儿呢？哪种榛子的口味会更好一些呢？

生于荒野的中国榛子

虽然榛子的果子同栗子和橡子非常相像，但是它们完全不是一家子。栗子和橡子都是壳斗科的成员，而榛子则是桦木科榛属的成员。整个榛属家族并不大，全世界不过16个品种，据《中国植物志》记载，在我国分布的，只有7个品种加上2个变种。虽然榛属植物种类不多，但是分布区域却是极广的，在整个北半球的寒带、温带、亚热带区域都有它们的身影，只不过它们的长相太过平淡无奇，容易让人忽略它们的华丽表演而已。

在中国科学院北京植物园壳斗植物区西侧，长着两丛不起眼的灌木，因为它们的长相实在太普通了，匆匆而过的游客很少会注意到它们的存在。其中一丛植物叶如手掌，上下都是毛茸茸的；而另一丛植物的叶子则有些特别，就像被快刀一下切去了前端一样，这两丛植物就是榛子了。不过，它们并不是同一个品种，毛茸茸的叫毛榛，而叶子"被切"的则叫平榛，这两种植物的果实就是我们熟悉的本土榛子，也是我国最早被食用的榛子。

我们祖先食用榛子的历史非常悠久，在距今6 000年前时，陕西半坡地区的人们就已经在收集榛子了，考古人员在当地的遗址中发现了榛子和榛子壳——从那时起，榛子就出现在华夏人民的餐桌上了。

把时间推后3 000年，我们就能在古籍中发现有关榛子的记载了。《诗经》中多处写到了榛子，《邶风》中有"山有榛"的记述，《鄘风》中有"树之榛栗"的记载，而《曹风》中更是描写了榛子的产地："上申之山之榛，楛，潘侯之山，其下多榛，楛。"后来，宋朝的《开宝本草》中细述了榛子的滋味："榛子味甘……生辽东山谷，树高丈许，子如小栗，军行食之当粮。"榛子可以当军队口粮，可见这种小果子分布极广，并且被广泛利用。

此外，很多记载也表明，人们很早以前就开始尝试栽培榛子。在魏晋的《齐民要术》和《群芳谱》中，都有关于栽培榛子的记载。清代，人们甚至在辽东开辟了"御榛园"，专门为皇室提供高质量的榛子。然而，榛子却一直都是小众坚果。

从20世纪五六十年代起，我国对野生榛子资源有了一定程度的规模利用，但是由于大多数榛子都被送出国换取宝贵的外汇了，加上我们本土产的平榛和毛榛果实都比较小，壳也比较厚，所以并不讨人喜欢。我与本土榛子的几次接触，都不是很愉快，这东西就像多了练牙功能的杏仁，而且在开壳之后，经常会遇到空壳的情况，那种已经费了牙还没有收获的感觉太糟糕了。

没办法，这是平榛和毛榛的自身属性决定的。果小、壳厚、产量低是这些本土榛子的通病。即便具有耐寒、好养活的优点，甚至可以在广袤的东北山地中生活，但无法产出像样的果子也是白费力气啊。

所以，这就成了制约本土榛子出名的极大障碍。虽说跟腰果、核桃、巴旦木合称世界四大坚果，但是榛子在中国绝对是默默无闻的角色。

欧洲榛子来袭

榛子之所以出名，还是仰仗西式甜品的风云突起，榛子巧克力、榛子蛋糕轰然而至，才让榛子开始进入人们的视野。不过，这些榛子产品中用的可不是我们本土原生的平榛和毛榛，而大多是欧洲榛子。欧洲榛子植株高大，高约5～10米，可以长成大树。与平榛相比，欧洲榛了最明显的优势还是表现在果子上。

欧洲榛子的特点是皮薄、个儿大、仁儿满，果皮只有0.7～1.3mm，即便是牙齿不太好的人也能对付得了，而平榛动辄2～3mm的外壳，实在是太难为食客了。同时，欧洲榛子的果仁质量也比较高，并且很少会有空心的果实。从这些层面上来看，简直是要秒杀我们的本土榛子。苏格兰的一个小岛上曾发现大量埋藏的榛子壳，这些果壳的年龄已经有9 000多岁了，看来欧洲人在很久之前就开始食用这种坚果了。

欧洲榛子的重要性不仅仅在于它们有着悠久的食用历史，它们对世界文化的影响之深更是令人惊叹。比如，榛子被认为可以帮人躲避雷电，甚至是驱避鬼怪；榛木做成的魔杖被人们用来探宝、寻找金矿和水源。如此神圣的用途，当然不是普通的物件可以承载的。榛子树枝虽然没有传说中那么神奇，但是作为一种坚韧的木材而被当成行路人的手杖，或者铺在泥泞的地方供行人车辆通过，也是物尽其用了。有些榛子树被砍掉主干后，还会萌发出更多的分枝，因此当绿篱也是

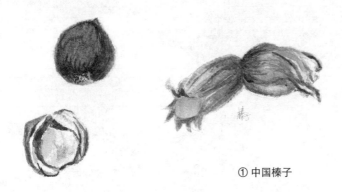

① 中国榛子

非常合适的。另外，欧洲榛的木材也可以用作建筑和家具制造。

　　不过欧洲榛子也有自己的短板，我们本土平榛仁特有的甜味儿是欧洲榛子所不具备的品质。更要命的是欧洲榛子不耐低温，在平榛觉得舒适的地方，完全没有欧洲榛落脚的地儿。欧洲榛通常喜欢湿润温暖的冬季和干燥的夏季，所以在我国很难扎根，遥远的地中海地区才是它们理想的家园。出于以上种种原因，之前很多引进欧洲榛子的行动都失败了。

　　不过，好吃的榛子并没有与我国绝缘。从20世纪70年代起，辽宁省经济林研究所的梁维坚等研究人员就开始尝试将欧洲榛和平榛进行杂交，将二者的优点相结合。经过20多年的辛勤培育，终于获得了丰硕成果。平欧杂交榛子不仅能适应我国大多数地区的气候条件，结出的果子个头儿与欧洲榛子也相差无几，并且从口味上来说，甚至比欧洲榛子还要好。20世纪90年代开始，平欧杂交榛子开始在我国东北、西北、华北等广大地区推广开来，已经成为不输于欧洲榛子的一个重要榛子生产种类。

② 欧洲榛子

脆香榛子的哈喇味儿

东方人和西方人对坚果的喜好有自己的偏爱，东方人好甜，西方人好脆。这可能跟东西方传统饮食文化相关。东方以农耕为主，获得的主要粮食是碳水化合物，这其实就是广义上的糖，而甜味恰恰是这种粮食典型的味道。而西方人更依赖于各种动物性食物，油脂所占的成分更高，于是那些高脂肪的坚果更受西方人的青睐。可能有人会问，那跟脆不脆有什么关系呢？

说到这里，有必要解释清楚一件事情。坚果脆的口感往往就来自于其中的高脂肪，我们不妨回忆一下，不管是夏威夷果、香脆腰果还是普通的花生米，无不充满了脂肪。特别要提及的是夏威夷果，这种东西的油脂含量可以达到70%以上，剥好的种仁甚至可以漂浮在水上。不过，话说回来，喜欢脂肪是人类的天性，因为在漫长的演化历程中，寻找食物一直都是人类主要的活动。脂肪作为一种能量密度极高的好食物，自然不会被放过。放过这些食物的个体就相当于放弃了生存下去的机会，自然也不会留下什么后代了。从演化的角度来说，喜欢高脂肪的脆坚果，是有充分理由的。当然，吃客们如果有减肥需求，那还是不要选择榛子、夏威夷果这类高脂肪的坚果了。

我们在吃榛子的时候会感受到别样的美味，这是为什么呢？奥秘就在榛子特有的风味物质——庚烯酮（榛子酮）里。榛子不经烤制就有香脆口感，但是经过烤制，其中庚烯酮的含量就会上升600～800倍。如此看来，烤制是增加坚果香气物质的一个诀窍呢。其实，这在芝麻身上也表现得极为突出，生芝麻的味道比较清淡，但一旦经过烤制，其中有一种叫"吡嗪"的化合物就会大大增加，于是就有了芝麻特殊的香味儿（芝麻油味儿）。

可是我们买回的榛子，经常会碰见有哈喇味儿的。那确实是种说不出的怪异味道，想吐又不舍得，但是不吐又有难以言喻的不痛快，恐怕很多朋友都有碰到过这样的尴尬。其实很多坚果都会碰到这样的问题，比如夏威夷果、花生、腰果都有这样的坏脾气，然而这正是它们油脂含量丰富的证据。高油脂带给我们香脆口感的同时，也会不可避免地带来一些小麻烦，那就是经过一段时间的湿热储藏（尤其是在夏天）之后，油脂会变质，一部分脂肪酸分解变成一些小分子的醛、酮、酸和醇，这些物质就是哈喇味儿的罪魁祸首了。因此，为了避免哈喇味儿，最好把坚果存放在低温干燥的条件下。当然，对于吃货们来说，尽快解决掉它们就是最好的预防措施了。

榛子家族的大树

虽说榛子家族大多数都是低矮的灌木，但是也不乏高大威猛的成员，华榛就是这么一位。华榛原产于我国，果实呈现出淡黄色或者金黄色，跟银杏种子的模样颇为相似，所以也有"山白果"之称。但要注意的是，我们吃的榛子是植物的果实，外壳就是果皮；而银杏（白果）则是植物的种子，外壳是中种皮。当然，榛子因为有厚厚的铠甲保护，也不需要像银杏那样储存氰化物等毒药了。相对来说，在野外靠吃榛子求生，比吃白果要靠谱。

华榛有高大挺拔的外貌，所以华榛除了提供榛子外，还可以提供高质量的木材。华榛的木材细腻坚硬，并且个头儿可达30米，这样好的木材是不可多得的，用来盖房子、做农具都是非常好的选择。可惜华榛天生娇柔，必须生活在冬不冷、夏不热的地方，并且要求空气中的湿度要达到70%～80%，这都要赶上桑拿天的湿度了。所以，它们只生活在中国西部的一些山区中，目前已经成为国家重点保护树种之一。这也算是榛子家族中的另类明星了吧。

西　瓜　子

·中华独创嗑子法· ·瘦花转身变巨瓜·

　　西瓜一直是我的心头好（作为典型的华南人，直到出生20多年后我才有缘邂逅生活在祖国另一头的籽瓜），南方一年三季烈日当头，热气冲天，我在家时每天吃完晚饭总要出去买个西瓜回来冷藏，到了晚上电视剧黄金八点档，便从冰箱里抱出一半冰镇西瓜置于凉快的瓷砖地上，一家人凑过来围坐，面前铺着一块抹布（以防西瓜汁滴在地上），我操起小汤勺，挖开一块块鲜红欲滴的浆肉，插上牙签，分给各位"食客"，然后一家人两眼盯着电视剧放光，一边大快朵颐人间美味。

　　有次到兰州出差，正值炎夏，热浪滚滚，我二话不说就到路边水果摊想买个"西瓜"。那摊上卖的"西瓜"品相真不养眼，个头小、表面光滑、皮色浅绿还泛着黄，貌似没熟的样子。但我口干舌燥，顾不了那么多，便让卖家挑个好的当场剖开。结果一看内里傻了眼——瓜肉黄白不说，还密集着粒大饱满、乌黑发亮的瓜子，与黄白色果瓤

①雄花　　　　　　　　　　　②雌花

交相辉映。

"哎哟，老板，你这西瓜摆明不熟嘛！居然还拿出来卖！""姑娘，这是籽瓜，不是西瓜，很好吃哩，和西瓜一样解渴。"瓜摊主用刀熟练地削下一小块果肉，硬塞给我尝尝。我将信将疑，咬了一口，内心不由得蹦出一句话：瓜不可貌相！这颠覆我对西瓜传统印象的籽瓜，肉软汁多、清凉微甜，让我冒烟的喉咙一下子就像久旱逢甘霖的土地一样，被滋润得好舒服，只是吐子吐得我很不爽，用户体验稍逊西瓜。按照商界适者生存的淘汰策略，籽瓜有西瓜这么优越、出名的前辈在先，应该毫无竞争力可言，却何以存活于市场的呢？我好奇地追问摊主，才知晓此货暗藏玄机、大有来头。

籽瓜"不走寻常路"的"瓜途"

原来，零食家族中赫赫有名的产品西瓜子，便是籽瓜中饱满发亮的种子。难怪我初见籽瓜的内部真面目时，竟有似曾相识之感……籽瓜是西瓜的子用型变种，继承了西瓜的大部分外貌特征，只是体型上比不过西瓜。无所谓，农民和我们比较关心的是它生产的种子，只要种子的质量和数量赛过西瓜就行。

追查籽瓜的起源是件纠结的事。从多种官方资料和小道消息中挖出的信息表明，籽瓜是我国甘肃原产的栽培种，现在西北地区广泛种植。可以肯定的是，野生西瓜起源于非洲南部和西部，在公元前2 000多年埃及的尼罗河流域已有栽培，公元7世纪到达印度，300年后进入中国，然后扩散至南欧，但因欧洲北部夏季的温度限制了西瓜的产量，往北则进军缓慢。随后，欧洲殖民者和非洲奴隶把西瓜带到美洲大陆，很快这款甘爽高产的"大水球"就俘获了美洲原住民的胃，继而在美洲大地上开辟了新天地。野生西瓜味道呈多样性，从清淡到苦、甜，均有开发利用价值。籽瓜便是园艺师们利用某种野生西瓜反复捣鼓出来的衍生品，最重要的功能是生产种子，中文全名为"籽用西瓜"。

根据种皮颜色不同，籽瓜的子被大体分成两个派别：黑皮肤的黑瓜子和红皮肤的红瓜子。"黑派"主要驻扎在甘肃、新疆、内蒙古等省区；"红派"历史较悠久，长年占据广西、宁夏、安徽、江西、湖南和广东，总体呈现"南红北黑"的生产格局。然而，不管黑瓜子还是红瓜子，它们都身宽体平，饱满有型，皮滑发亮，味美仁香，营养丰富，还蕴含吉祥之意。譬如红瓜子，因种壳天生红润有光泽，一副喜庆之相，又被称作"喜子瓜"。无论黑红，西瓜子一直是传统出口的名优特产，亦是我国及东南亚地区过节、待客、送礼、休闲、玩乐等独具民俗风味的绿色食用佳品，备受广大零食控的青睐。若在遥远的欧洲或美洲见到西瓜子，定会令人从心中升起一股亲近感和对祖国故乡的思念之情。

"买椟还珠"的田园奇观

瓜类种子一般富含蛋白质和脂肪，西瓜子也不例外。研究表明，西瓜子种仁的脂肪和蛋白质含量都很高，而其中人体必需的几样氨基酸也一一俱全，是种优质的油源兼蛋白质源。《本草求真》卷五记载"籽瓜而入心脾胃，肉有解心脾胃热，止渴的功能"，说明籽用西瓜具有一定的保健功效。虽然籽多粒大影响口感，但西北人依旧爱吃这种奇特的水果，尤其是在干燥的秋冬季，籽瓜隆重上市成为水果摊的主角，当地人会吃得更多，因为它能润肺止咳、益肝健脾、利尿排毒，而且物美价廉。

第一次吃籽瓜，在水果摊老板的热情教导下，我试着吃完味淡清冽的瓤，并把子集中吐进空盘，因为摊主说这种子就是西瓜子，洗干净了可直接嗑，还顺便对我讲起了一件陈年往事：瓜摊主的老家农田里种了很多籽瓜，每到收获季节，瓜农们就把收获的籽瓜一筐筐摆在村口马路边上，高喊着"免费吃瓜啦，吃瓜啦，免费的！"招呼过往行人前来吃瓜。这天下真有免费午餐？不错，但有个条件——吃完瓤要留下子，瓜农们会收集瓜子回去洗净，再卖给厂商加工成西瓜子。所以每到籽瓜成熟期，瓜田附近路旁总会出现几百号"人体取子机"，或站或坐或蹲，手捧切好的籽瓜，边吃瓤边吐子边说笑，实乃一道有趣的田园风光……不知为啥，听完摊主的故事后，我顿时觉得自己好像不该冲动买瓜，而该问问怎么去他"免费吃瓜"的老家……不过目前，对籽瓜的利用依然停留在以收取种子为主的阶段，利用率甚低。可瓜子只占籽瓜重量的5%~7%，而占籽瓜重量93%以上的瓤和皮常被当作废物白白丢弃，十分可惜。

不管怎样，我国西北地区得天独厚的气候优势是农民种出优质瓜果的必备条件，吃瓜"凶猛"是一定的，而这门"食瓜又嗑子"的专业吃法，更充分展现了中华吃货们的绝世智慧。

从花到果的奇妙旅程

既然籽瓜是西瓜的一个栽培变种，当然也跟着西瓜姓"葫芦科西瓜属"，是一年生蔓性草本植物，具粗壮卷须，全身披覆又密又长的柔毛。若有机会亲临籽瓜田（西瓜田也一样），会发现籽瓜的花和我们常见的黄瓜花、丝瓜花、南瓜花十分相似——鲜黄色，花冠辐状，5裂，裂片全缘，常在一片枝叶横生间跳跃躲藏，充满乡村野趣。

西瓜这么大，那它的花呢，是否在体积上也有"过人之处"？在接触了植物学科后我才知道，几乎没有一朵单花可以赛过大西瓜的体形，也明白了花变成瓜的普适真理，其实是这样的：西瓜属的花有两种，雌花和雄花，长在同一植株的不同叶腋处，外观也一样。而子房则如同母亲孕育胎儿的子宫，是花变成瓜的秘密所在。

黑子、红子，不如自家炒的白子

干货市场上还常见一种与西瓜子相像的米白色软壳瓜子，名曰"南瓜子"。不错，此货正是葫芦科另一位著名成员——南瓜的种子。南瓜子遍布全国各地，拥有的粉丝数量超过籽瓜，不少家庭在吃瓜肉的同时，也懂得食用南瓜种子。与生吃籽瓜瓤和子不同，南瓜的种子要炒熟了才好吃。从前在家做南瓜菜前，奶奶先掏出南瓜内里与

种子缠在一起的黄色瓜络，再挑出种子冲洗干净，摊开晾在阳台上。几天后，把晒干的种子收起来，下锅热炒，加入粗盐，炒至白色种壳微微发黄，香飘满屋，才出锅盛于盘中。彼时我的口水已垂下不只三尺了。

西瓜子的非洲兄弟

实际上，非洲也有一款土生土长的主要用来吃种子的西瓜变种，叫黏籽西瓜（Egusi Seed Watermelon）。顾名思义，黏籽西瓜新鲜种子的表皮外裹着一层肉质黏瓤，但这层黏瓤随着种子的完全成熟会逐渐消失。黏籽西瓜是一年生草本蔓性植物，以野生状态和半栽培方式广泛分布于尼日利亚、加纳等国，是当地一种主要食材和经济作物，综合抗性较好，长势强劲，其果瓤偏白、质硬，味苦、酸或无味，不宜食用，但种子形大、皮薄、仁厚，含有丰富的蛋白质和油脂。目前咱们国内尚未大规模引种这款"商业潜力股"。

有人做过实验：让黏籽西瓜和籽用西瓜分别自交，即把雄花的花粉授予同株雌花，又让子代和亲本杂交，结果表明黏籽西瓜的瓜瓤黏子性状是由隐性基因控制的，相对而言，籽用西瓜的瓜瓤不黏子，则是由显性基因控制的，所以当我们剖开普通西瓜，看到种子"出浆肉而不染"时，便可推测该瓜子比较"活泼"。

这套实验设计及其结论，源自生命科学发展史上最为人津津乐道的一个植物学研究故事——豌豆互交实验，故事的主人翁是现代遗传学之父孟德尔。有趣的是，孟德尔的本职是名默默无闻的修道士，却独立创建了一套至今仍然充满生命力的经典实验方案，并天才般地揭示了两条遗传学基本定律——基因分离规律及自由组合规律。这两条定律还很接地气，比如，只要你知道父母双方的血型，便可根据遗传学三大基本定律（第三条"连锁互换定律"是由果蝇的"极端爱好者"摩尔根发现的）来推测自己和兄弟姐妹的血型，当然前提还需你懂一点血型的显、隐性知识。

莲　　　　　　　子

千　年　流　转　不　改　颜　·　娇　花　藏　子　惹　人　怜

　　小时候背的许多古诗词，到现在都忘得七七八八了，可汉朝乐府编的一首诗歌，我至今仍能脱口而出："江南可采莲，莲叶何田田。鱼戏莲叶间，鱼戏莲叶东，鱼戏莲叶西，鱼戏莲叶南，鱼戏莲叶北。"

　　怎样，这么念一遍，你是否也觉得朗朗上口，韵趣十足呢？写这诗歌的古人真有意思，明明跑去采莲子，却被莲叶吸引了，反而专心致志地观看莲叶下的鱼儿从东游到西，从南游到北。当然，这首诗描绘的主角——莲，亦教人过目不忘、留恋不已，花可赏、籽可嚼，茎可食，还留给世人诸多名篇佳句和奇妙故事。

出水芙蓉源于叶

　　相信不少人都吃过莲子，可未必人人都见过莲子的本来面目，有机会亲自采莲，体验"泛舟荷花荡，就地剥莲子"野趣的人想

必就更少了。

　　莲，又名芙蓉，通称荷花，乃莲科莲属植物，为多年生水生草本。这"莲姑娘"虽喜欢藏身水下，只露出花叶，但我们对它不见天日的根状茎却了如指掌，这就是我们熟悉的莲藕。莲藕在水下泥土里横行游走，节部缢缩，上生黑色鳞叶，下生须状不定根，体内有多条纵行通气孔道，这些都是莲茎适应水下生活的典型特征。莲叶则极富个性，叶面圆形，叶柄中空，从背部中央伸出，长1～2米，高举着大叶片，形似一把雨伞或一个盾牌。

　　小时候，我家附近有个小水池，池中就零星长着几株莲，夏日我和小伙伴都喜欢到池边玩耍，有时候玩得起劲了，也不顾天气变化，如果下雨了，我们就随手摘下片莲叶盖在头上，丝毫不嫌麻烦，反而更添趣味。不过，摘莲叶可要当心，叶柄上散生着许多小刺，虽然不扎肉，但棘手的感觉还是挺不舒服的。

　　出水芙蓉，亭亭玉立，清丽脱俗，人尽皆知，然而鲜有人知晓莲花之奇。莲花直径10～20厘米，有清淡芳香；花瓣很多，通常从红到白变化着，又长又宽，由外向内渐小，若凑近观察，会发现内侧花瓣和几枚雄蕊样的玩意儿紧挨着长，其实那是花瓣变成了雄蕊。

花瓣变成雄蕊？你没听错，实际上，从花的演化和发育的角度来说，雄蕊确实是由花瓣变化而来的。建议你掀起外轮下垂的花瓣，是否看到了莲花最外围几枚粉绿渐变的萼片啦？然后对比下你常见到的其他普通的叶子，脑补下叶子到萼片再到花瓣的转变……也许三秒钟后你便会恍然大悟。原来，很久很久以前，莲，还有其他开花植物的祖先的花柄上是着生多轮叶子的，这些叶子为了吸引虫子注意，开始卸下绿装，换成彩妆，同时调整叶形质地，使自己按一定顺序安插在叶柄端上，形成一朵美丽耀眼的花。

有了叶子到花的演变阶段作想象基础，我们大概就能顺势勾勒出内轮花瓣进一步变成雄蕊的大致路线了。对植物亦颇有研究的德国文学家兼博物学家歌德，对花器官正式下了第一个明确、精准的定义，很好地解释了这一过程：花是适应繁殖功能的变态枝。如同毛毛虫蜕变成蝴蝶，远古时期的枝条也慢慢变出叶，为更好地实现繁殖功能，叶慢慢地变出繁殖结构，枝的上部极度缩短，最后整个枝条便演化成一朵花了。或许你仍觉得这两者之间差异过大，跨越甚难，难以置信。不要紧，请你将思路稍微拐个弯，想一想不太讨人喜欢的毛毛虫到超级讨人喜欢的蝴蝶之间的转变吧……如此生动、普遍的实例，最多只需一个月即可完成超乎想象的变身，我们又为何不能接受植物花费几十亿年，把一根枝上的叶改造成雄蕊的事实呢？

莲蓬脸上的“青春痘”

让我们把思路拉回到眼前的莲花上，重新看看莲花的“心脏”。莲的雄蕊数很多，呈醒目的黄色，环绕中央黄绿色的“平台”围成一

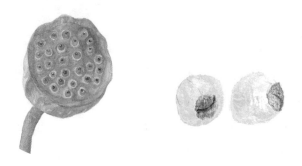

圈。这显著凸起、高出周围黄色雄蕊群的"中央平台"，就是众所周知的莲蓬了。作为一个密集恐惧症患者，我是有点儿排斥近距离观看莲蓬"脸蛋"的，因为莲蓬脸上长了不少"青春痘"，它们很有秩序地排成几轮，还露出各自一丁点娇嫩、湿润的"头"。

那么，这莲蓬究竟是什么？原来，莲蓬的本质是花托。花托，就是花柄顶端着生萼片、花瓣、雌雄蕊群的地方，通常会不同程度地膨大，根据花部"构件"的着生方式，形成各式各样的形状及附属功能。多数种类的花托，如我们常见的月季、牡丹、石竹、百合、杜鹃等，相貌平平，不太引人注意，可有些花托却造型古怪，很容易抓住过客的眼球，除了腰果，还有莲蓬也是这么一位。

絮絮叨叨说了一通，不知各位看官有没有发现，莲花的雌蕊还未正式登场。别急，那是因为雌蕊们太低调了，我其实已经提到它们了，只是它们一直害羞地躲在柔软的莲蓬中，不肯现真身。没错，莲蓬上那些令密集恐惧症患者畏而远之的"痘痘"们正是金贵的雌蕊群。雌蕊群分散离生，从具有海绵质感的莲蓬里生长出来，只探出接受花粉的柱头，而把下半身终生藏于莲蓬内，即使造"仁"成功，也从不跳出莲蓬为其打造的洞穴状温床。

白嫩干硬皆莲子

我们吃的莲子——莲的种子，便是一颗颗藏身于莲蓬之中的。成熟时，采收的农民先把莲蓬掰开，抠出青色闭合的坚果，新鲜莲实的果皮革质有韧劲，硬而不坚，可用指甲掐出口子再剥开，露出里面白嫩可人的种仁，莹润柔软，惹人垂涎。当然，这娇嫩样貌仅出现在采摘后很短时间内。过不了一天，种仁便会迅速失水"衰老"，变得又干又僵，晒上几天，就成了市场上最常见的很干硬的"裸体"莲子了。

一般"裸体"莲子存放一段时间后会因自然氧化而呈现米色，有时我们也会碰到褐色的莲子，这类莲子不是由于过期变质了，而是莲蓬完全成熟时才采收的莲实，去除硬壳后会留下一层薄薄的红褐色种皮黏着种仁，由此形成褐色莲子。但你要是碰到表面雪白，莲芯却发黑的莲子，那就别买了，因为这很可能是经过硫黄熏制后的陈年莲子。

现在，有些农民为节省时力，摘了一堆莲蓬后，不再取种除壳，而是直接运到街上打出"新鲜莲子"的口号售卖。若你看见了，不妨买个莲蓬尝一尝，你会看到莲蓬面上还残留着雌蕊的柱头呢。如果有机会亲临荷花荡，撑一叶木舟深入莲丛，现场采食更鲜嫩的莲子，那最是妙趣无穷——但见碧空晴日下，秀丽的莲花与艳绿的荷叶交相辉映，波光粼粼，鱼戏叶间，人游花影中，感受着身体里满满的愉悦感，真是好不惬意。

每年7月，是莲果即将成熟的季节，这时去莲湖采食新鲜莲子是最好的。彼时莲蓬还未熟透，甚至极苦的绿色种芯尚未长出，种仁清甜柔嫩，与果实成熟后僵实的口感截然不同。由于莲实老化很快，酷暑间摘下来后一天内也难以保持原始的美味，因此市场上卖的莲蓬多多少少不如现场即摘即吃来的美味。需要注意的是，采莲子虽有趣，但也得选个阴凉的天气，盛夏的湖面就像一面镜子，反光很厉害，可要提前做足防晒措施；莲的叶梗和花柄上都附着许多小刺，虽不坚锐，但与渗着含盐汗液的皮肤频繁地亲密接触，皮肤也不会高兴。所以咱还是披件凉薄的长袖衫再进荷花荡嬉戏吧。

莲子的营养成分也蛮有意思，不是因为它富含补脑的元素，而是种仁的组成物质主要为淀粉。换句话说，莲子的主要成分和小麦、水稻类似。另外，它的蛋白质及钾、钙、镁、磷等元素含量较高，脂肪含量则很低，十分适合既想饱尝美食又想保持身材的人士食用。

千年古莲的穿越大戏

跟"采莲子"有关的大部分古诗词，描绘的都是江南灵秀、清雅的水乡景致。北方虽然缺水，但各个城市大都会有一处知名的莲花池。在北京，赏莲的地方也很多，颐和园、圆明园以及植物园均是其中的胜地，但有一条："只准眼观，不许手动"，所以人们体会不到"采莲子"的快乐。但是，北京的莲亦有自己的招牌特色。

我在北京香山脚下的中国科学院植物研究所北京院植物园溜达时，曾几次碰到游客前来问路：

"听说这园里有千年古莲，你知道在哪儿吗，怎么走？"

"你们从售票大门进来的吗？"

"是的。"

"喏，你们一进门见到的开得很旺的莲花就是了！"

"……"

几句交谈后，我了解到，这些游客多是从其他省市来旅游的，听闻北京有"千年古莲开花"的奇迹，特地赶来一睹风采。不过，恐怕他们会有点儿失望，因为传说中的古莲开出的花，其实与现代莲花几乎没差别。

20世纪20年代初，日本学者在我国辽宁省大连市辖区内的普兰店市一带进行地质考察时，首次挖掘到距今已有一千多年的保存完好的古莲种子。1953年，中国科学院植物研究所古植物研究室的徐仁教授偶然得到了采自普兰店市的五粒古莲种子，便在实验室内进行一系列保育处理，然后栽入潮湿肥沃的盆土中。不料，过了几天，这五粒古莲子竟苏醒萌发，长出幼叶！科研人员惊喜不已，赶忙将这些幼苗挪到池塘里栽培。一个多月后，古莲种子又给人们带来巨大惊喜——居然绽蕾开花了！五株莲花，两白、两粉、一紫红，形态特征几乎与现代莲一模一样。当年秋季，花落果熟，古莲的莲蓬中安然躺着若干颗鲜活的种子。这，简直是现实版的植物穿越剧嘛！种子，作为子代生命体的载体，可长时间保护新生命体的雏形——胚，使其进入休眠状态，以度过困难时期，古莲正因为此而得以穿越千年时光，来到现代开枝散叶，安家立业。

1975年，大连自然博物馆的科学工作者也从普兰店市的泥炭土层中，挖掘得到古莲种子，后由大连市植物园进行培植，于5月初播种，到8月中下旬也开出莲花。如此奇闻，不胫而走，引得市民争相观看，于是"古莲开花"成一方佳话，名声大噪。大连自然博物馆还先后将古莲子赠送给中国科学院和日本北九州自然史博物馆。经过这些科研单位的精心培育、播种，这些古莲子同样也都发芽、长叶、开花、结子了。

不管如何，几朵容貌司空见惯的千年莲花，就这样以自身玄妙的传奇经历，把颐和园与圆明园的荷花群轻易秒杀了。

睡莲非莲

最后不得不提一句，许多地方在栽植莲花的同时，也会种些睡莲与其搭配。乍一看，莲和睡莲不仅名字只差一字，样貌和生长习性也挺接近，非常容易混淆。事实上，莲和睡莲是完全不同的两个物种，甚至不是同一姓氏家族的。说起来，几年前，分类学家也以为莲是睡莲科的一员，但后来借助先进的研究方法和科学理论才确定，莲及其姐妹应该从睡莲家族走出来自立一科，曰"莲科"。不过莲家族很单薄，现存的仅有莲属，莲属也仅存两种，一种在亚洲和大洋洲，即我国栽培最广的莲，另一种产自北美洲。它们和睡莲长得像，只是因为同样生活在水中，趋同进化导致的结果罢了。好比同一个小乡村长大的俩孩子，文化观念和生活习俗会比较相似，但不代表这两人就有血缘关系。一般情况下，莲的叶子常高高挺立于水面之上，睡莲的叶子则贴浮在水面，据此我们还是可以轻易将莲和睡莲区分开的。

图书在版编目（CIP）数据

嗑：做一只会吃的松鼠/陈莹婷著. — 北京：中信出版社，2015.9
ISBN 978-7-5086-5415-7

Ⅰ.①嗑… Ⅱ.①陈… Ⅲ.①坚果－文化－普及读物 Ⅳ.①TS255.6-49

中国版本图书馆CIP数据核字(2015)第193147号

嗑：做一只会吃的松鼠

著　　者：陈莹婷
插　　图：张　逸　韩苏妮
策划推广：北京全景地理书业有限公司
出版发行：中信出版集团股份有限公司
　（北京市朝阳区惠新东街甲4号富盛大厦2座 邮编 100029）
　（CITIC Publishing Group）
制　　版：北京美光设计制版有限公司
承　印　者：北京华联印刷有限公司

开　　本：889mm×1194mm　1/32　　印　　张：6.25　字　　数：120千字
版　　次：2015年9月第1版　　　　　印　　次：2015年9月第1次印刷
广告经营许可证：京朝工商广字第8087号
书　　号：ISBN 978-7-5086-5415-7/G·1231
定　　价：39.8元